超《ちょう》絵《え》解《かい》本《ぼん》

絵と図《ず》でたのしむ 数《すう》学《がく》脳《のう》トレ

面《おも》白《しろ》パズルで数《すう》学《がく》センスを身《み》につけよう

はじめに

パズルは，古代《こだい》から現在《げんざい》に至《いた》るまで，
多《おお》くの人々《ひとびと》を魅了《みりょう》しつづけてきました。
自分《じぶん》の頭《あたま》を悩《なや》ませて，あるいは一瞬《いっしゅん》のひらめきで，
正《ただ》しい答《こた》えにたどりついたときの快感《かいかん》は格別《かくべつ》でしょう。

この本《ほん》は，さまざまなパズルを楽《たの》しく解《と》いていくうちに，
いつのまにか「数学的《すうがくてき》センス」が身《み》についていく本《ほん》です

「図形《ずけい》」のパズルと「計算《けいさん》」のパズルを
それぞれ初級編《しょきゅうへん》・中級編《ちゅうきゅうへん》・上級編《じょうきゅうへん》に分《わ》けて，
幅広《はばひろ》い難易度《なんいど》のパズルを厳選《げんせん》して収録《しゅうろく》しました。

どの問題《もんだい》から挑戦《ちょうせん》してもかまいません。
さあ，面白《おもしろ》パズルで数学脳《すうがくのう》をきたえていきましょう。

1 まずは肩《かた》ならし　形《かたち》のパズル【初級編《しょきゅうへん》】

2 頭《あたま》の体操《たいそう》　計算《けいさん》のパズル【初級編《しょきゅうへん》】

3 ちょっと歯《は》ごたえアリ　形《かたち》のパズル【中級編《ちゅうきゅうへん》】

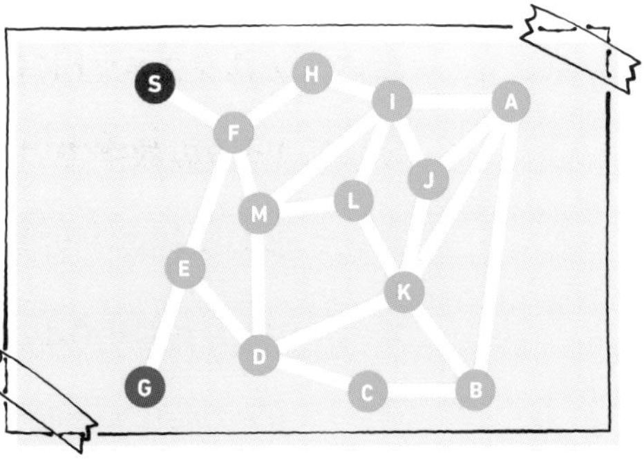

4 じっくり腕試《うでだめ》し　計算《けいさん》のパズル【中級編《ちゅうきゅうへん》】

5 難問《なんもん》に挑戦《ちょうせん》！ 形《かたち》と計算《けいさん》のパズル【上級編《じょうきゅうへん》】

1

まずは肩《かた》ならし
形《かたち》のパズル
【初級編《しょきゅうへん》】

有名《ゆうめい》な「形《かたち》のパズル」をいくつか紹介《しょうかい》します。マッチ棒《ぼう》を並《なら》べかえて目的《もくてき》の形《かたち》に変形《へんけい》するパズル，9 個《こ》の点《てん》を一筆《ひとふで》書《が》きで通《とお》るパズルなど，比較的簡単《ひかくてきかんたん》なものを集《あつ》めました。まずはアタマを解《と》きほぐしましょう。さて，何問《なんもん》解《と》けるでしょうか。

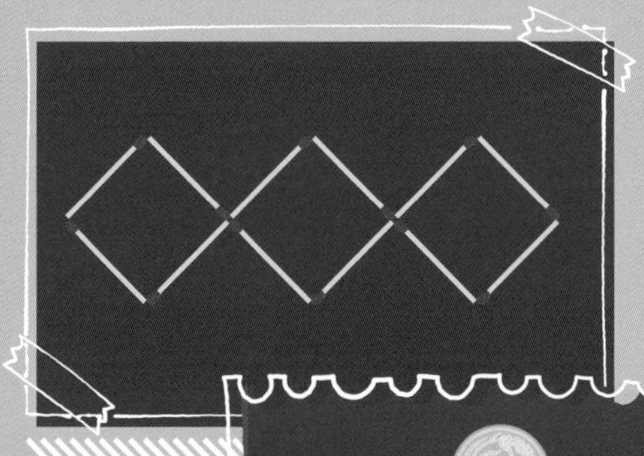

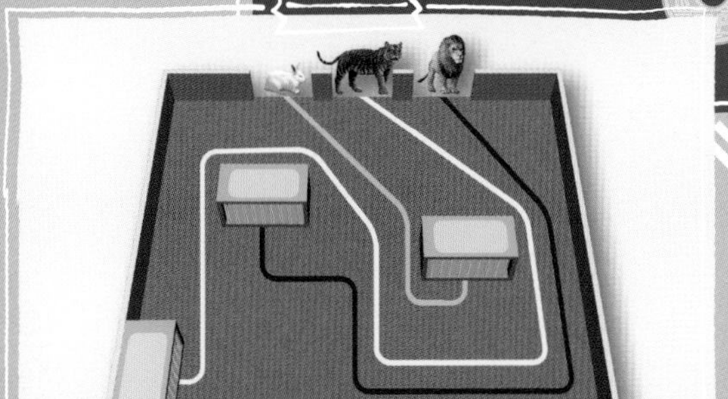

第《だい》1問《もん》

マッチ棒《ぼう》4本《ほん》を動《うご》かして正方形《せいほうけい》8個《こ》をつくろう

まずはウォーミングアップをかねて，パズルの定番《ていばん》「マッチ棒《ぼう》パズル」に挑戦《ちょうせん》してみましょう。マッチ棒《ぼう》でつくられた図形《ずけい》を，決《き》まった本数《ほんすう》のマッチ棒《ぼう》を移動《いどう》させることで，指示《しじ》された図形《ずけい》などにつくりかえるというものです。

下《した》の図《ず》では，12本《ほん》のマッチ棒《ぼう》で3個《こ》の正方形《せいほうけい》が形《かたち》づくられています。**このうち4本《ほん》を動《うご》かして8個《こ》の同《おな》じ大《おお》きさの正方形《せいほうけい》をつくってみましょう。**

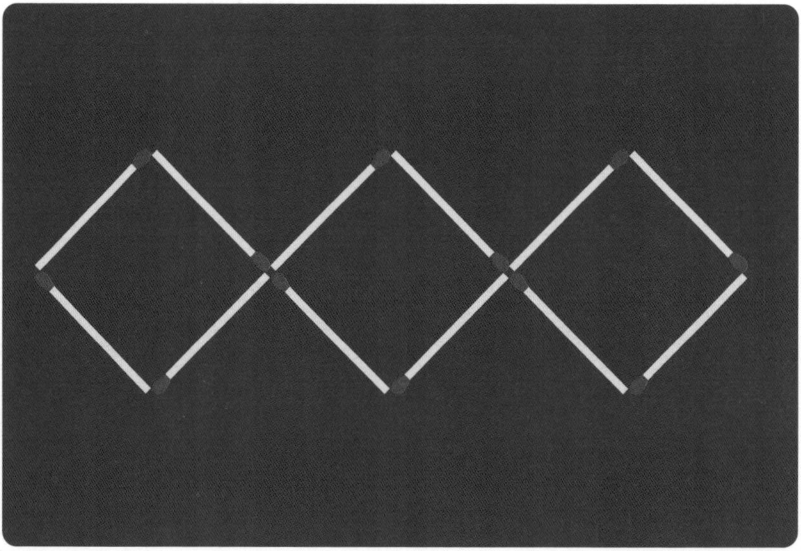

＞答えは 12 ページ

第《だい》2問《もん》

マッチ棒《ぼう》を動《うご》かして正三角形《せいさんかっけい》を6個《こ》つくろう

さらにもう1問《もん》，マッチ棒《ぼう》パズルに挑戦《ちょうせん》してみましょう。下《した》の図《ず》のように，12本《ほん》のマッチ棒《ぼう》で4個《こ》のひし形《がた》が形《かたち》づくられています。**このうち4本《ほん》のマッチ棒《ぼう》を動《うご》かして6個《こ》の同《おな》じ大《おお》きさの正三《せいさん》角形《かっけい》をつくるには，どうしたらよいでしょうか？**

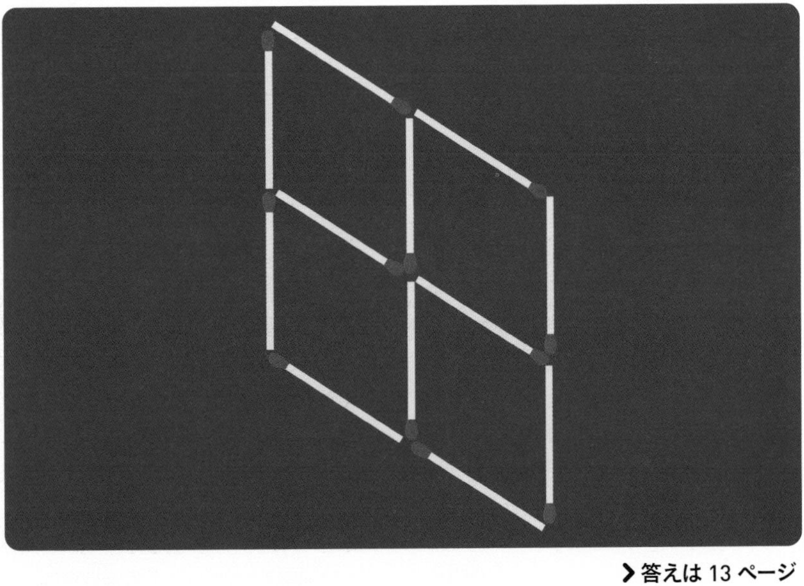

＞答えは13ページ

第《だい》1問《もん》：解答《かいとう》

右《みぎ》の正方形《せいほうけい》のマッチ棒《ぼう》4本《ほん》を動《うご》かす

下《した》の図《ず》のように，右端《みぎはし》の正方《せいほう》形《けい》をつくる4本《ほん》のマッチ棒《ぼう》を取《と》りのぞきます。次に，その4本《ほん》を2本《ほん》ずつ左端《ひだりはし》と真《ま》ん中《なか》の正方《せいほう》形《けい》の中《なか》に，90°に交差《こうさ》させて置《お》きます。

そうすれば，二《ふた》つの大《おお》きな正方《せいほう》形《けい》の中《なか》に小《ちい》さな正方形《せいほうけい》が8個《こ》できます。

もちろん左端《ひだりはし》の正方形《せいほうけい》や真《ま》ん中《なか》の正方形《せいほうけい》のマッチ棒《ぼう》4本《ほん》を動《うご》かしても，同《おな》じようにつくることができます。

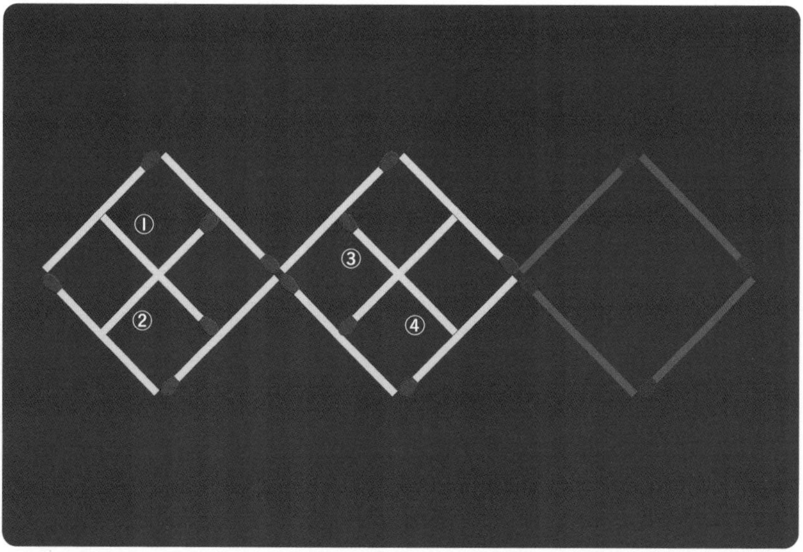

第《だい》2問《もん》：解答《かいとう》

左上《ひだりうえ》と右下《みぎした》の4本《ほん》のマッチ棒《ぼう》を動《うご》かす

まず左上《ひだりうえ》のひし形《がた》をつくっている2本《ほん》のマッチ棒《ぼう》と，右《みぎ》下《した》のひし形《がた》をつくっている2本《ほん》のマッチ棒《ぼう》を取《と》りのぞきます。そして，その4本《ほん》のマッチ棒《ぼう》を，残《のこ》りのひし形《がた》の頂点《ちょうてん》をつなぐようにして，図《ず》の①〜④の位置《いち》に置《お》いていけば，同《おな》じ大《おお》きさの正三角形《せいさんかっけい》を6個《こ》つくることができます。

元《もと》のひし形《がた》の辺《へん》の一部《いちぶ》が，6個《こ》の正三角形《せいさんかっけい》の辺《へん》になることに気《き》がつけば，正解《せいかい》にたどりつけます。

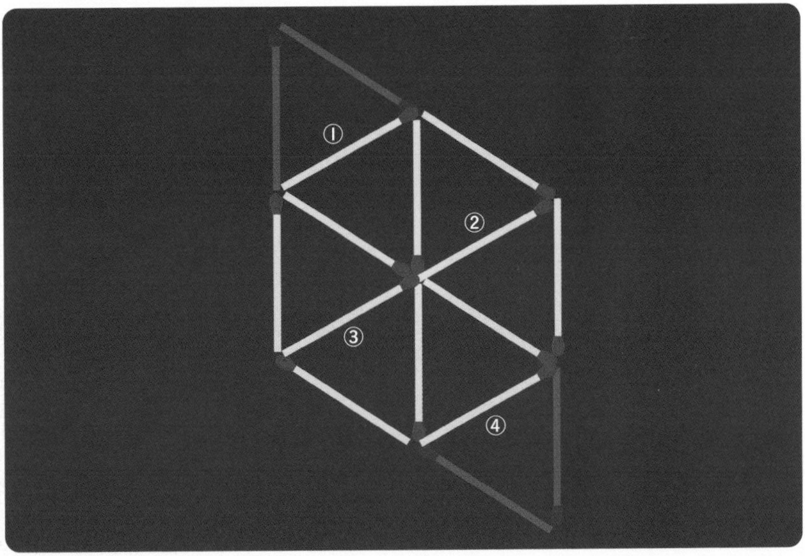

第《だい》3問《もん》

マッチ棒《ぼう》で書《か》いた数式《すうしき》を正《ただ》しくしよう

マッチ棒《ぼう》を使《つか》った数式《すうしき》のパズルに挑戦《ちょうせん》してみましょう。下《した》の図《ず》のように，マッチ棒《ぼう》でつくられた数式《すうしき》があります。ところが，数式《すうしき》を見《み》ると「3＋4＝5」となっていて，これでは等式《とうしき》がなりたちません。

たとえば，右辺《うへん》の「5」をつくるマッチ棒《ぼう》のうち2本《ほん》を動《うご》かして「7」にすれば，正《ただ》しくなりたつ数《すう》式《しき》になります。**それでは，マッチ棒《ぼう》1本《ぽん》だけを動《うご》かして，正《ただ》しい数《すう》式《しき》にするには，どうしたらよいでしょうか？**

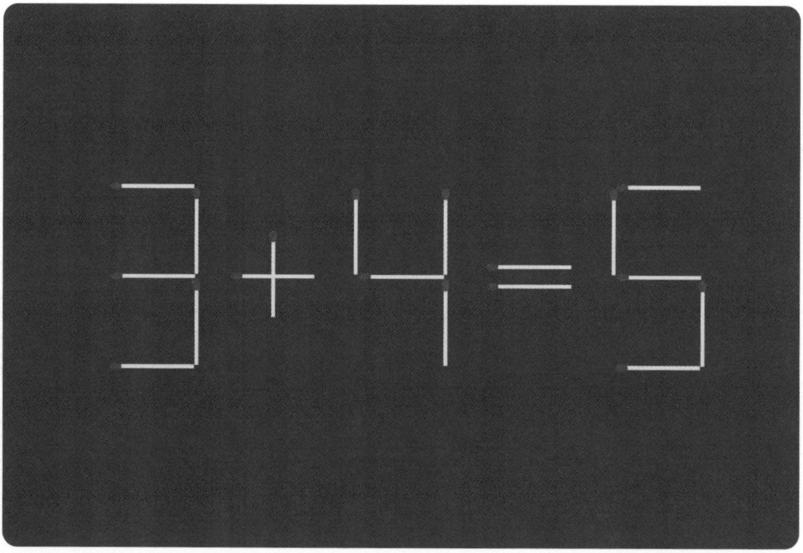

答えは 16 ページ

第《だい》4問《もん》

マッチ棒《ぼう》2本《ほん》を動《うご》かして サクランボを外《そと》へ出《だ》そう

4本《ほん》のマッチ棒《ぼう》でワイングラスがつくられています。そのグラスの中《なか》にはサクランボが一《ひと》つ置《お》かれています。**さて、この4本《ほん》のマッチ棒《ぼう》のうち、2本《ほん》だけ動《うご》かして、サンクランボをグラスの外《そと》に出《だ》すことはできるでしょうか？**

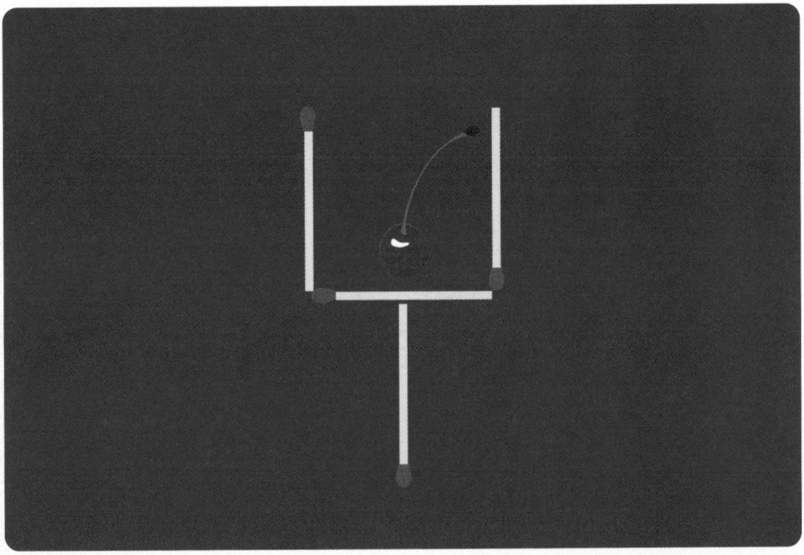

答えは 17 ページ

第《だい》3問《もん》：解答《かいとう》

足《た》し算《ざん》を引《ひ》き算《ざん》に変《か》え，3を9に変《か》える

下《した》に示《しめ》したように，「＋」記号《きごう》の縦棒《たてぼう》を取《と》りのぞき，それを使《つか》って3を9に変《か》えれば(①)，「9－4＝5」となって正《ただ》しい数式《すうしき》になります。

数字《すうじ》をつくるマッチ棒《ぼう》を動《うご》かして，ちがう数字《すうじ》に変化《へんか》させるだけでは，このパズルは解《と》けません。数字《すうじ》だけでなく，記号《きごう》も変化《へんか》させて，足《た》し算《ざん》の式《しき》を引《ひ》き算《ざん》の式《しき》にすることに気《き》がつけば，正解《せいかい》にたどりつけます。

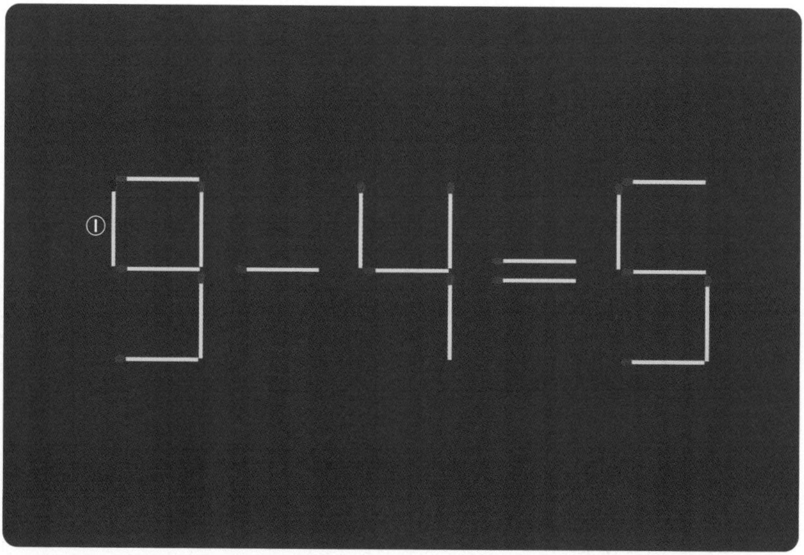

第《だい》4問《もん》：解答《かいとう》

ワイングラスが逆《さか》さになるようにマッチ棒《ぼう》を移動《いどう》

まず，ワイングラスの底《そこ》にあたるマッチ棒《ぼう》を右《みぎ》へずらします。次《つぎ》に，左上《ひだりうえ》のマッチ棒《ぼう》を右《みぎ》下《した》に移動《いどう》させると，ワイングラスが180°回転《かいてん》して逆《さか》さになりました。こうすればサクランボはグラスの外《そと》へ転《ころ》げ落《お》ちますね。

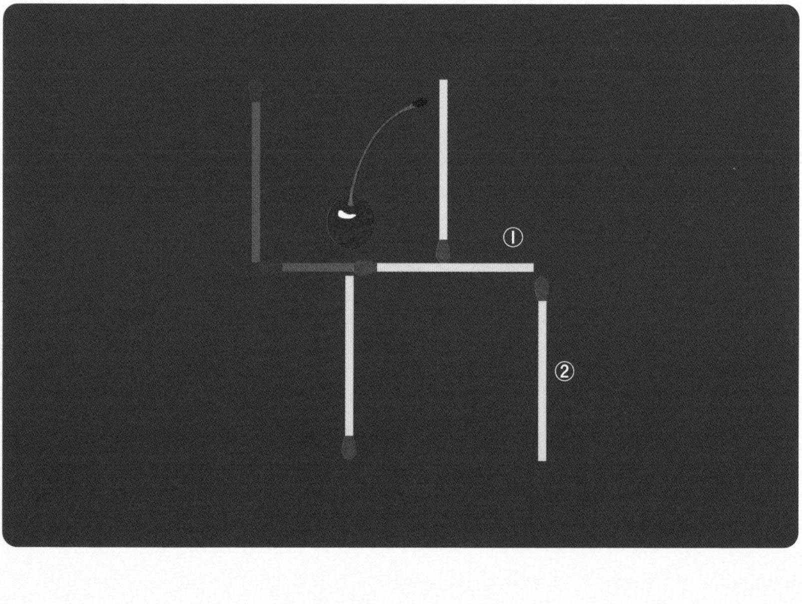

第《だい》5問《もん》

1升《しょう》のマスで$\frac{1}{6}$升《しょう》をはかろう

これは，米《こめ》をはかるときに使《つか》う1升《しょう》のマスです。このマスいっぱいに米《こめ》を入《い》れれば，ちょうど1升分《しょうぶん》になります。ちなみに米《こめ》1升《しょう》は約《やく》1.5キログラムです。

では，この1升《しょう》マスだけを使《つか》って$\frac{1}{6}$升《しょう》をはかるには，どうすればよいでしょうか？ ただし，ほかのマスに移《うつ》しかえたりしてはいけません。

もちろん，このマスには目《め》盛《も》りなどはついていません。挑戦《ちょうせん》してみてください。

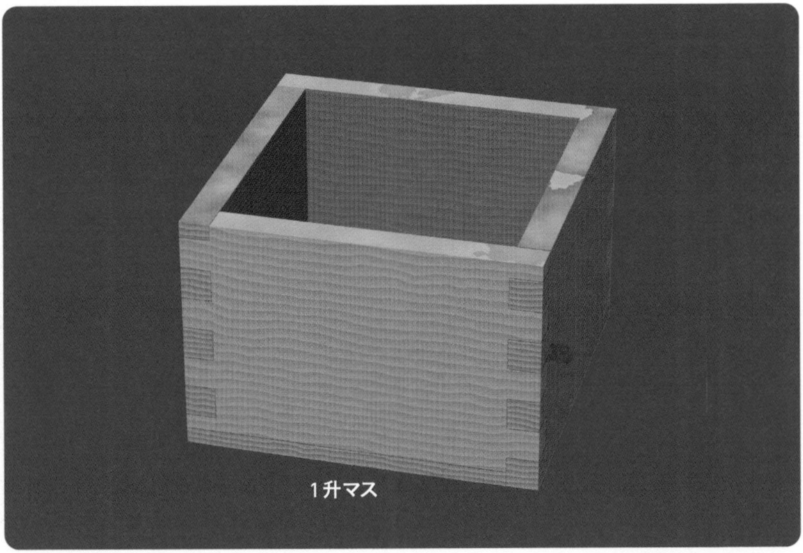

1升マス

＞答えは20ページ

第《だい》6問《もん》

コインを移動《いどう》させて正六角形《せいろっかっけい》をつくろう

6個《こ》のコインが並《なら》んでいます（A）。**これらのコインを動《うご》かして，Bのように正六角形状《せいろっかっけいじょう》に並《なら》べかえるには，最小《さいしょう》で何回《なんかい》の移動《いどう》が必要《ひつよう》でしょうか？**

ルールは次《つぎ》のとおりです。①コインを持《も》ち上《あ》げてはいけません。②移動先《いどうさき》では2個《こ》以上《いじょう》のコインと接《せっ》していなければなりません。③移動《いどう》させるコイン以外《いがい》のコインを動《うご》かしてはいけません。たとえば，小《ちい》さな図《ず》の左《ひだり》の移動《いどう》は問題《もんだい》ありませんが，右《みぎ》の移動《いどう》はどうしてもほかのコインを動《うご》かしてしまうので認《みと》められません。

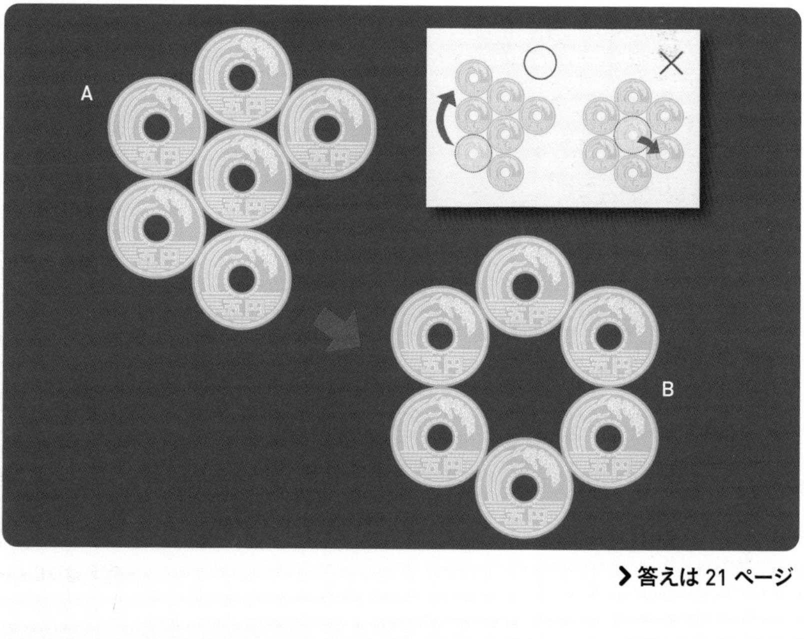

答えは21ページ

第《だい》5問《もん》：解答《かいとう》

三角柱《さんかくちゅう》と三角錐《さんかくすい》の体積《たいせき》から$\frac{1}{6}$升《しょう》がわかる

1 升《しょう》マスの角《かど》をA～Dとします。角《かど》Dを軸《じく》にして，角《かど》Aと底面《ていめん》の対角線《たいかくせん》（BC）がつくる三角形《さんかっけい》ABCが水平《すいへい》になるまでマスを傾《かたむ》けて，その三角形《さんかっけい》のラインまで米《こめ》を入《い》れれば$\frac{1}{6}$升《しょう》になります。

米《こめ》が入《はい》っている部分《ぶぶん》の形《かたち》は三《さん》角錐《かくすい》です。この三角錐《さんかくすい》を二《ふた》つ合《あ》わせるとマス全体《ぜんたい》の半分《はんぶん》になります（三角柱《さんかくちゅう》V）。三角柱《さんかくちゅう》の体積《たいせき》は「底《てい》面《めん》の面積《めんせき》×高《たか》さ」，三角錐《さんかくすい》の体積《たいせき》は「底面《ていめん》の面積《めんせき》×高《たか》さ×$\frac{1}{3}$」で計《けい》算《さん》されるので，三角錐《さんかくすい》の体積《たいせき》は三《さん》角柱《かくちゅう》の$\frac{1}{3}$となり，マス全体《ぜんたい》の$\frac{1}{6}$とわかります。

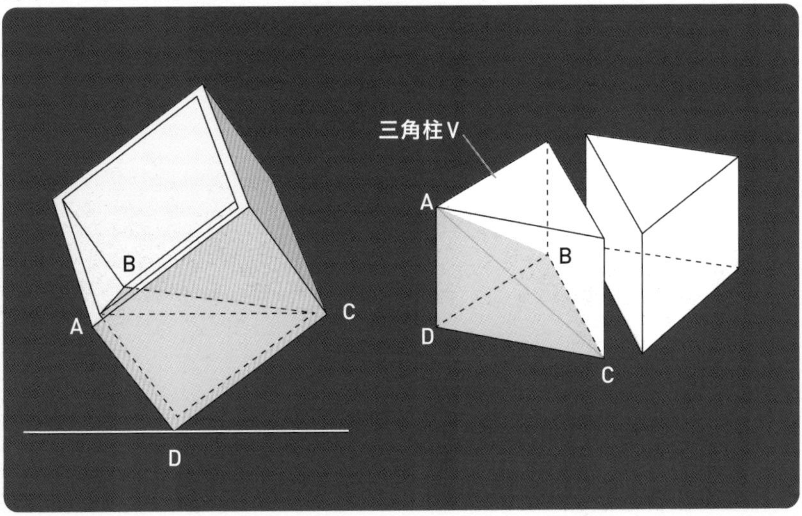

第《だい》6問《もん》：解答《かいとう》

条件《じょうけん》を満《み》たして六角形状《ろっかっけいじょう》にするには 4手《て》かかる

以《い》下《か》のような手順《てじゅん》でコインを移動《いどう》させれば，4回《かい》の移動《いどう》で正六角形状《せいろっかっけいじょう》にコインを並《なら》べることができます。

「移動先《いどうさき》では2個《こ》以上《いじょう》のコインと接《せっ》していなければならない」というルールがあるために，このような手順《てじゅん》が必要《ひつよう》になるのです。

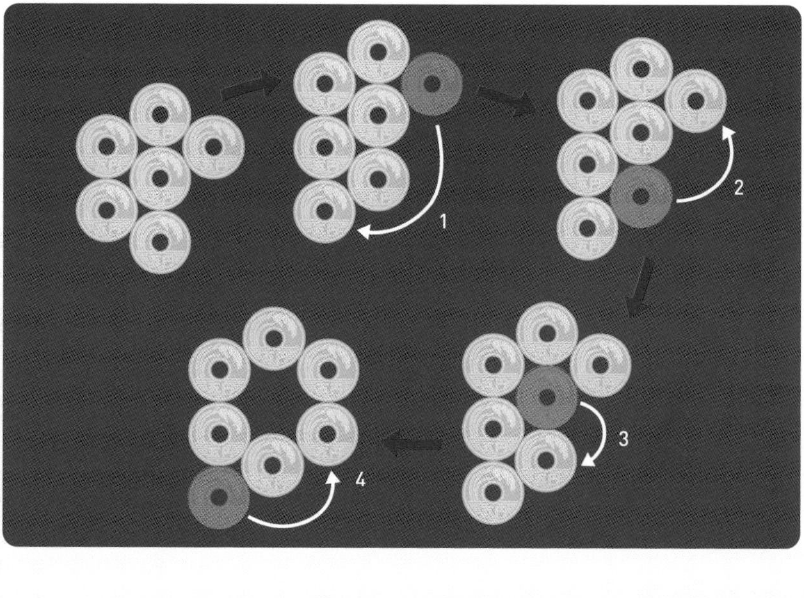

第《だい》7問《もん》

リングを何《なん》個《こ》切《き》れば環《わ》をつくれるか？

3個《こ》のリングがつながった鎖《くさり》が4本《ほん》あります。これらをすべてつないでネックレスのような一《ひと》つの環《わ》にするには，リングを何《なん》か所《しょ》か切《き》って開《ひら》き，ほかのリングとつなぐ必要《ひつよう》があります。

あなたは，リングを切《き》ってつなぐ作業《さぎょう》をできるだけ簡単《かんたん》にすませなければなりません。

それでは，A，B，C，Dをつなげて一《ひと》つの環《わ》にするために切《き》るリングの最小個数《さいしょうこすう》は，何個《なんこ》でしょうか？

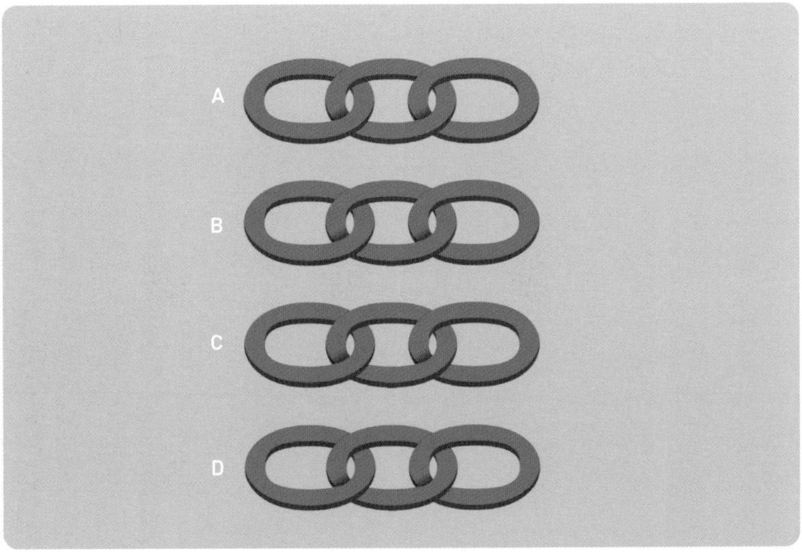

答えは24ページ

第《だい》8問《もん》

9個《こ》の点《てん》を一筆書《ひとふでが》きで通《とお》るには？

9個《こ》の点《てん》が横《よこ》3列《れつ》，縦《たて》3列《れつ》に同《おな》じ間隔《かんかく》で並《なら》んでいます。**一《ひと》筆《ふで》書《が》きで，9個《こ》すべての点《てん》を通《とお》る，何回《なんかい》か折《お》れ曲《ま》がった直線《ちょくせん》をえがいてください。**

すぐ思《おも》いつくのは，たとえば左《ひだり》上《うえ》の点《てん》から右《みぎ》に進《すす》み，右上《みぎうえ》の点《てん》で下《した》に折《お》れ曲《ま》がり，右下《みぎした》の点《てん》で左《ひだり》に折《お》れ曲《ま》がり，左下《ひだりした》の点《てん》で上《うえ》に折《お》れ曲《ま》がり，左列中央《ひだりれつちゅうおう》の点《てん》で右《みぎ》に折《お》れ曲《ま》がって中央《ちゅうおう》の点《てん》に至《いた》る線《せん》です。**このときの折《お》れ曲《ま》がりは「4回《かい》」ですが，もっと少《すく》ない回数《かいすう》ですむ線《せん》をみつけましょう。**

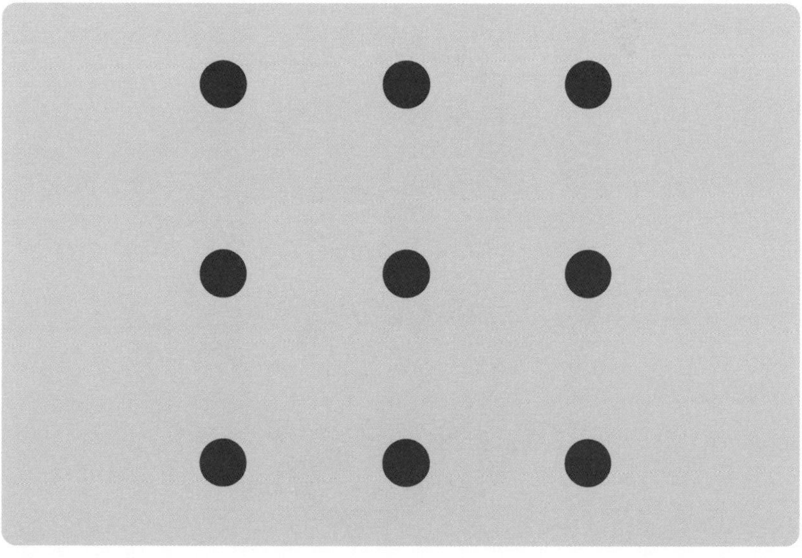

答えは25ページ

第《だい》7問《もん》：解答《かいとう》

1グループ（3個《こ》）のリングを切《き》ればよい

すぐ思《おも》いつくのは，Aの端《はし》のリングを切《き》ってBとつなぎ，Bの端《はし》にあるリングを切《き》ってCとつなぎ，Cの端《はし》にあるリングを切《き》ってDとつなぎ，最後《さいご》にDの端《はし》にあるリングを切《き》ってAとつないで環《わ》にする方法《ほうほう》です。このとき切《き》るリングの数《かず》は「4個《こ》」ですが，もっと少《すく》なくすませる方法《ほうほう》があります。

下《した》の図《ず》のように，一《ひと》つのグループの鎖《くさり》（たとえばA）のリングをすべて切《き》って，それらで残《のこ》りの三《みっ》つの鎖《くさり》（B，C，D）をつなげば切《き》るリングは3個《こ》ですみます。

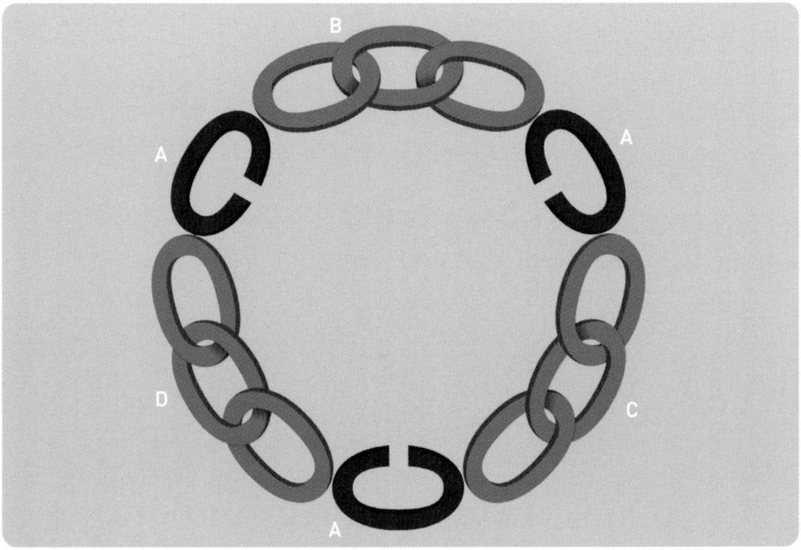

第《だい》8問《もん》：解答《かいとう》

はみだすように線《せん》を引《ひ》けば3回《かい》の折《お》れ曲《ま》がりですむ

下《した》の図《ず》のような線《せん》にすれば，折《お》れ曲《ま》がりの回数《かいすう》は「3回《かい》」ですみます。

この問題《もんだい》を解《と》くポイントは，点《てん》が整列《せいれつ》した領域《りょういき》の外側《そとがわ》へと直線《ちょくせん》をのばすことに気《き》がつけるかどうかにかかっています。

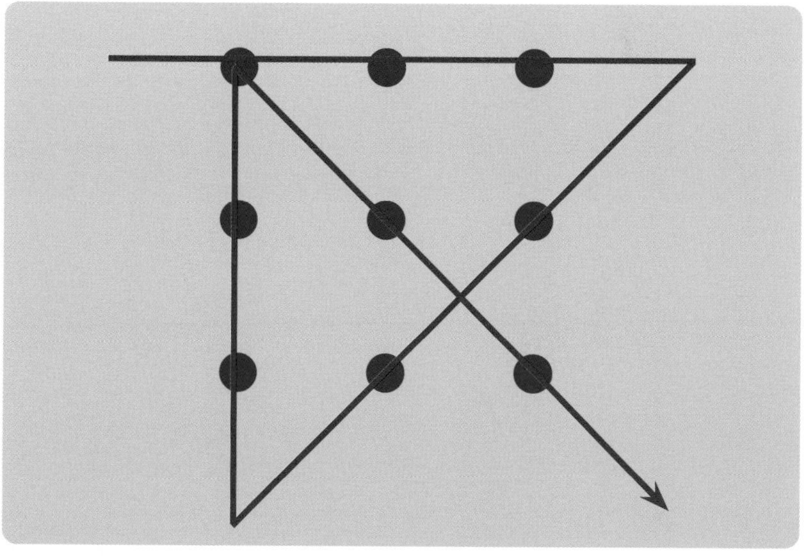

第《だい》9問《もん》

3匹《びき》の動物《どうぶつ》が交差《こうさ》しない道《みち》を引《ひ》こう

動《どう》物園《ぶつえん》にウサギとトラとライオンがいます。それぞれ専《せん》用《よう》のオリが用意《ようい》されています。

今《いま》，動物《どうぶつ》たちは動物園《どうぶつえん》の別々《べつべつ》の入《い》り口《ぐち》にいます。**ウサギの通《とお》る道《みち》，トラの通《とお》る道《みち》，ライオンの通《とお》る道《みち》が，いずれも一度《いちど》も交差《こうさ》することなく，それぞれの動物《どうぶつ》をオリまでたどりつかせるには，どのように道《みち》を引《ひ》けばよいでしょうか？**

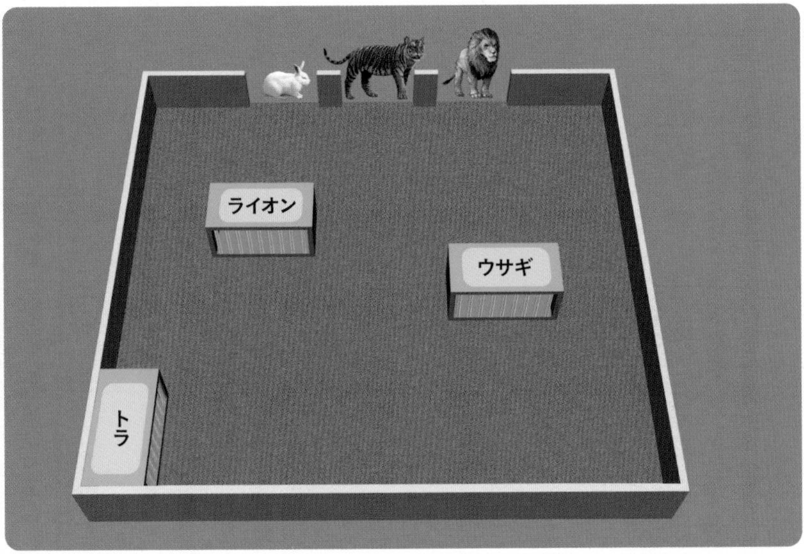

› 答えは 28 ページ

第《だい》10問《もん》

4匹《ひき》の動物《どうぶつ》が交差《こうさ》しない道《みち》を引《ひ》こう

左《ひだり》の問題《もんだい》の動物園《どうぶつえん》に，さらにヘビが加《くわ》わりました。それぞれ専用《せんよう》のオリを下《した》のように用意《ようい》しました。

ウサギの通《とお》る道《みち》，トラの通《とお》る道《みち》，ライオンの通《とお》る道《みち》，ヘビの通《とお》る道《みち》が，いずれも一度《いちど》も交差《こうさ》することなく，それぞれの動物《どうぶつ》をオリまでたどりつかせるには，どのように道《みち》を引《ひ》けばよいでしょうか？

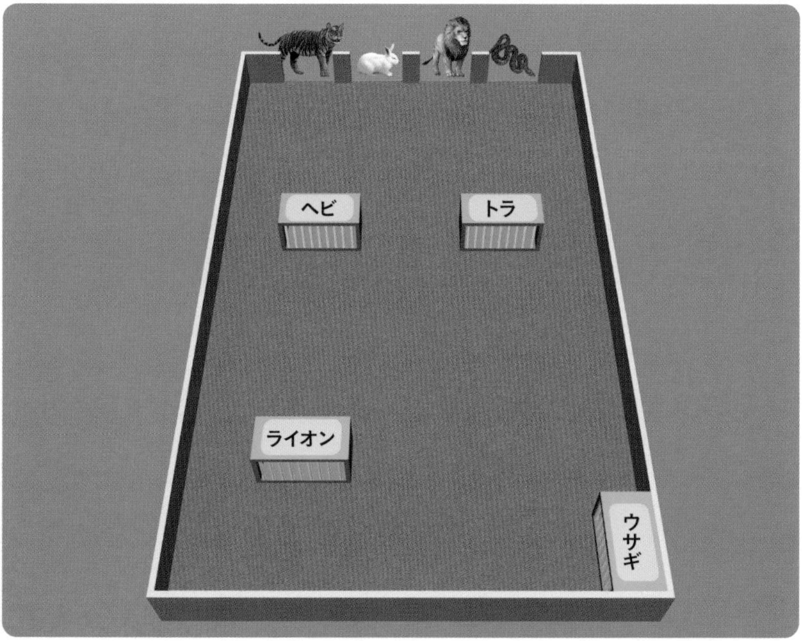

答えは 29 ページ

第《だい》9問《もん》：解答《かいとう》

トラをあとまわしにすると答《こた》えがわかりやすい

オリが壁《かべ》にくっついているトラをあとまわしにするのがコツです。最初《さいしょ》にウサギの道《みち》を最《さい》短距離《たんきょり》で引《ひ》いてみましょう。次《つぎ》にライオンの道《みち》をウサギの道《みち》とまじわらないように引《ひ》いて，最後《さいご》にトラの道《みち》をほかの道《みち》とまじわらないように引《ひ》けば，下《した》の図《ず》に示《しめ》した答《こた》えになります。

なお，最初《さいしょ》にウサギではなくライオンの道《みち》を引《ひ》くと，別《べつ》の答《こた》えになります。ぜひ，試《ため》してみてください。

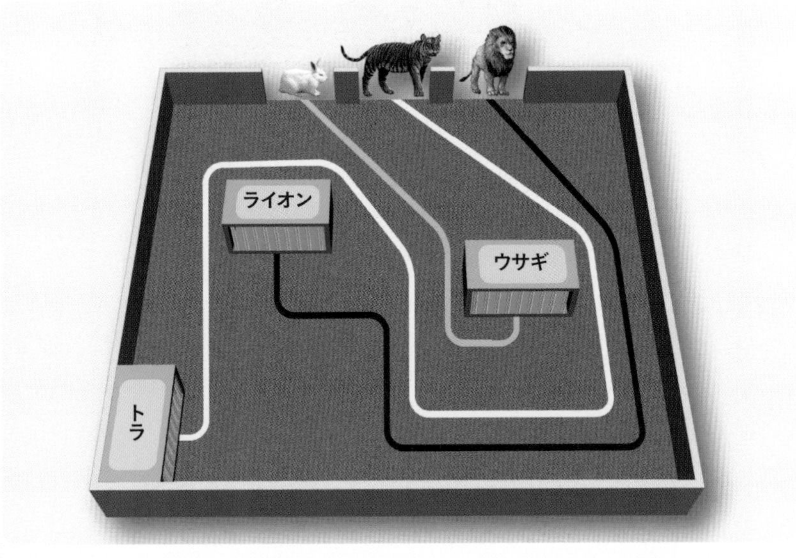

第《だい》10問《もん》：解答《かいとう》

ウサギをあとまわしにすると答《こた》えがわかりやすい

ウサギのオリをあとまわしにするのがコツです。たとえば，最初《さいしょ》にヘビの道《みち》を最短距離《さいたんきょり》で引《ひ》いてみましょう。次《つぎ》にトラの道《みち》をヘビの道《みち》とまじわらないように引《ひ》いて，さらにライオンの道《みち》をヘビとトラの道《みち》とまじわらないように引《ひ》いて，最後《さいご》にウサギの道《みち》をほかの道《みち》とまじわらないように引《ひ》けば，下《した》の図《ず》の答《こた》えになります。

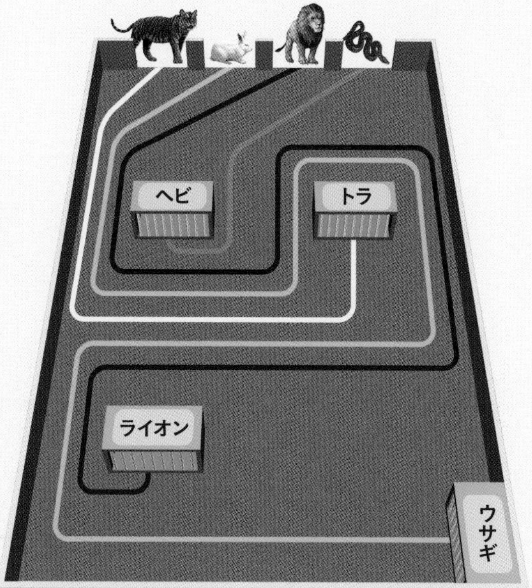

2

頭《あたま》の体操《たいそう》
計算《けいさん》のパズル
【初級編《しょきゅうへん》】

次《つぎ》は「計算《けいさん》のパズル」をいくつか紹介《しょうかい》します。アルファベットに置《お》きかえられた数字《すうじ》を推《すい》測《そく》する「覆面算《ふくめんざん》」や，縦《たて》・横《よこ》・斜《なな》めの数字《すうじ》の足《た》し算《ざん》が同《おな》じになるように数《かず》を置《お》く「魔《ま》方陣《ほうじん》」など,比較的簡単《ひかくてきかんたん》なものを集《あつ》めました。さて，何問《なんもん》解《と》けるでしょうか。

? ? ? ? ?
? 14 20 21 ?
? 7 13 19 ?
? 5 6 12 ?
? ?

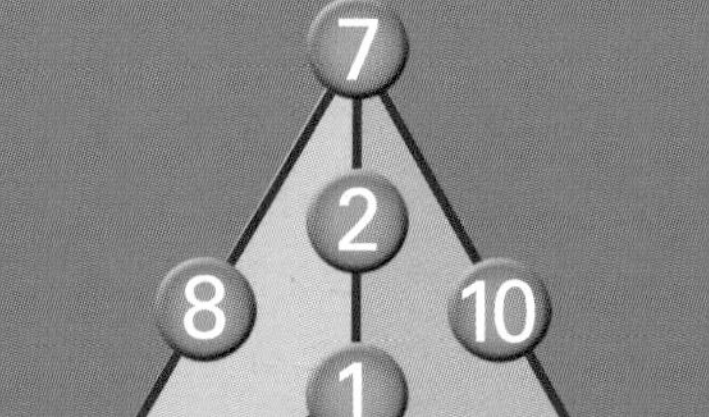
7
2
8
10
1
4
3
6
9
5

第《だい》11問《もん》

蚊《か》取《と》り線香《せんこう》で 45分《ふん》をはかれ

ここに蚊《か》取《と》り線香《せんこう》が二《ふた》つあります。それぞれ蚊《か》取《と》り線香《せんこう》A，蚊《か》取《と》り線香《せんこう》Bとよぶことにしましょう。

この蚊《か》取《と》り線香《せんこう》一《ひと》つは，ちょうど1時間《じかん》で燃《も》えつきることがわかっています。もちろん蚊《か》取《と》り線香《せんこう》には目盛《めも》りなどは入《はい》っていません。**この二《ふた》つの蚊《か》取《と》り線香《せんこう》だけを使《つか》って，45分《ふん》をはかるには，いったいどうすればよいでしょうか？**

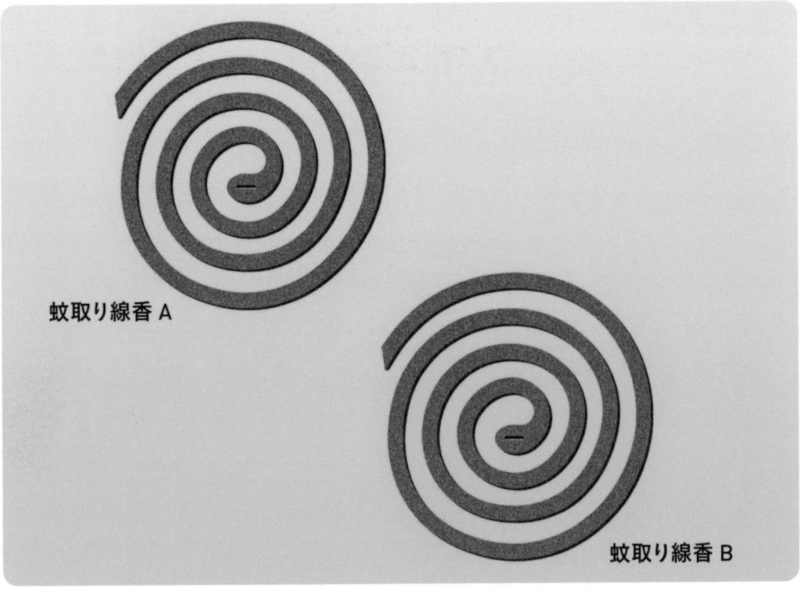

＞答えは 34 ページ

第《だい》12問《もん》

長針《ちょうしん》が短針《たんしん》を追《お》いこすのは1日《にち》何回《なんかい》？

時《と》計《けい》には，分《ふん》を示《しめ》す長針《ちょうしん》と，時《じ》を示《しめ》す短針《たんしん》があります。**0時《じ》から24時《じ》までの間《あいだ》に長針《ちょうしん》は短針《たんしん》を何回《なんかい》追《お》いこすでしょうか？**

ただし，最後《さいご》の24時《じ》には追《お》いつくだけで追《お》いこさないので，回数《かいすう》に数《かぞ》えません。

この問題《もんだい》を解《と》くには，まず手《て》はじめに，1時間《じかん》たつごとに，長針《ちょうしん》と短針《たんしん》の角度《かくど》がそれぞれ何度《なんど》回転《かいてん》するのかを考《かんが》えてみるとよいでしょう。

答えは35ページ

第《だい》11問《もん》：解答《かいとう》

一方《いっぽう》は，両端《りょうたん》に火《ひ》をつける。燃《も》えつきたら，さらに火《ひ》をつける

まず，蚊取《かと》り線香《せんこう》AとBに同《どう》時《じ》に火《ひ》をつけます①。ただし，Aのほうは両端《りょうたん》に，Bのほうは一方《いっぽう》の端《はし》だけに火《ひ》をつけます。そして，Aが燃《も》えつきた瞬間《しゅんかん》（つまり30分後《ぶんご》）に，Bのもう一方《いっぽう》の端《はし》にも火《ひ》をつけます②。そうするとBが燃《も》えつきたとき，最初《さいしょ》からちょうど45分経過《ふんけいか》したことになります③。

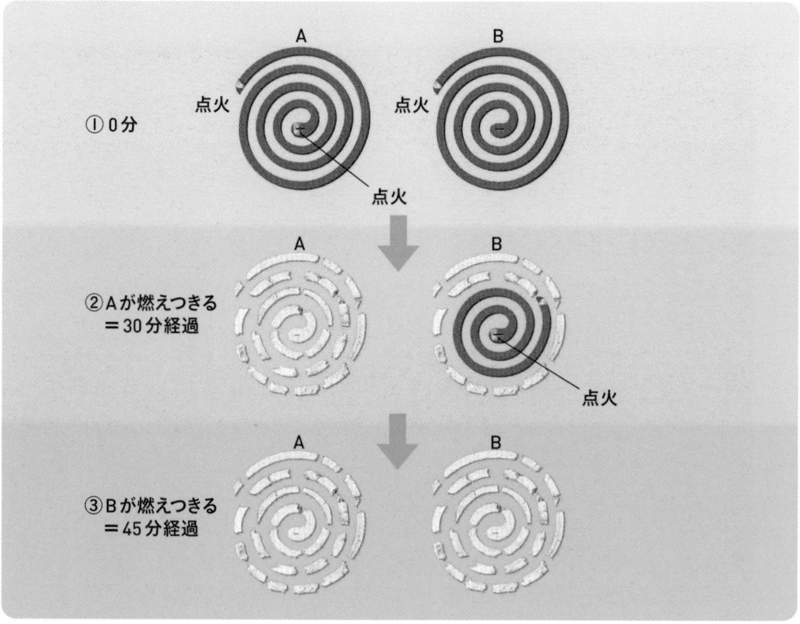

第《だい》12問《もん》：解答《かいとう》

長針《ちょうしん》が短針《たんしん》を追《お》いこすのは1日《にち》21回《かい》

正《せい》解《かい》は「21回《かい》」です。短針《たんしん》は1時間《じかん》に30°，長針《ちょうしん》は1時間《じかん》に360°回転《かいてん》するので，1時《じ》間《かん》あたり330°の差《さ》が開《ひら》きます。長《ちょう》針《しん》は短針《たんしん》よりも1時間《じかん》あたり330°よけいにまわるので，24時間《じかん》では24×330°＝7920°＝360°×22だけよけいにまわります。よって長《ちょう》針《しん》は，短針《たんしん》に22回《かい》追《お》いつきます。しかし，最後《さいご》の1回《かい》は追《お》いこしたものとは数《かぞ》えないので，21回《かい》が正《せい》解《かい》となります。

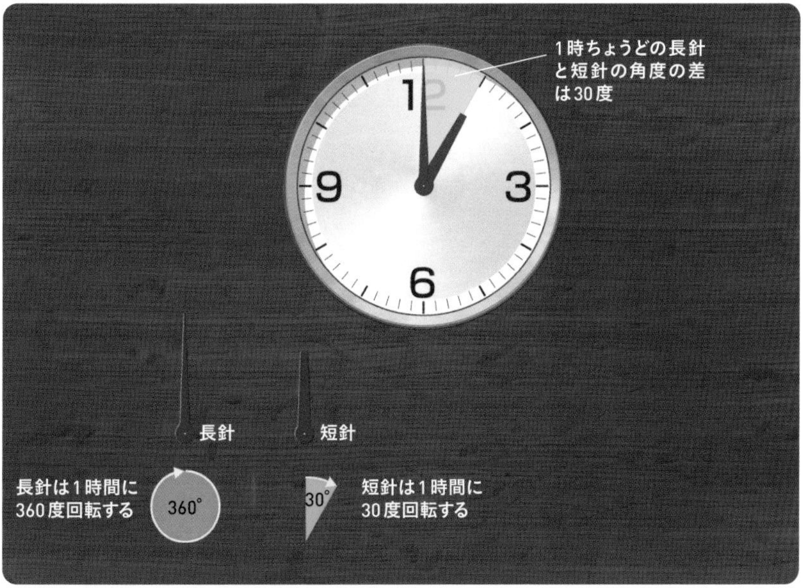

第《だい》13問《もん》

アルファベットには何《なん》の数字《すうじ》が入《はい》る？①

覆《ふく》面算《めんざん》とよばれるパズルがあります。数式《すうしき》の一部《いちぶ》に，数《すう》字《じ》のかわりに文字《もじ》や記号《きごう》がしるされていて，そこに入《はい》る数字《すうじ》を推測《すいそく》するという数遊《かずあそ》びです。**同《おな》じ文字《もじ》には同《おな》じ数字《すうじ》，ことなる文字《もじ》にはちがう数字《すうじ》が入《はい》るという決《き》まりです。**以下《いか》の問題《もんだい》①〜④のＡ〜Ｃには,それぞれどんな数字《すうじ》が入《はい》るでしょうか？

問題①

$$\begin{array}{rr} & A \\ + & B \\ \hline A & C \end{array}$$

問題②

$$\begin{array}{rrr} & A & B \\ \times & & C \\ \hline A & A & A \end{array}$$

問題③

$$\begin{array}{rrr} & A & B \\ - & B & A \\ \hline & 1 & A \end{array}$$

問題④

$$\begin{array}{r} 1\ 0\ 9 \\ A\,\overline{)\,A\ B\ A} \end{array}$$

答えは38ページ

第《だい》14問《もん》

アルファベットには何《なん》の数字《すうじ》が入《はい》る？②

もう一《ひと》つ，覆面算《ふくめんざん》に挑戦《ちょうせん》してみましょう。以下《いか》の問題《もんだい》は，イギリスのパズル作家《さっか》ヘンリー・アーネスト・デュードニー（1857〜1930）の名作《めいさく》「SEND MORE《センド モア》 MONEY《マネー》（もっと金《かね》を送《おく》れ）」です。**それぞれのアルファベットには，どんな数字《すうじ》が入《はい》るでしょうか？同《おな》じ文字《もじ》に着目《ちゃくもく》するのがポイントです。**

```
  S E N D
+ M O R E
---------
M O N E Y
```

＞答えは39ページ

第《だい》13問《もん》：解答《かいとう》

どの問題《もんだい》も，複数回使《ふくすうかいつか》われているAに着目《ちゃくもく》しよう

覆面算《ふくめんざん》では，複数回使《ふくすうかいつか》われている文字《もじ》に着目《ちゃくもく》するのがポイントです。

たとえば，問題《もんだい》①では足《た》す数《かず》のAと，足《た》した結果《けっか》の十《じゅう》の位《くらい》がAで同《おな》じです。1けたの数《かず》AとBを足《た》して結果《けっか》が2けたになるとき，AとBがどんな数《かず》だとしても20以《い》上《じょう》にはなりません。つまりAは1とわかります。そして，1を足《た》して10以上《いじょう》になる1けたの数《かず》は9しかないのでBは9。したがって，C＝0だとわかります。

問題 ① の解答

$$\begin{array}{r} A \\ +\ B \\ \hline A\ C \end{array} \rightarrow \begin{array}{r} 1 \\ +\ 9 \\ \hline 1\ 0 \end{array}$$

問題 ② の解答

$$\begin{array}{r} A\ B \\ -\ B\ A \\ \hline 1\ A \end{array} \rightarrow \begin{array}{r} 8\ 6 \\ -\ 6\ 8 \\ \hline 1\ 8 \end{array}$$

問題 ③ の解答

$$\begin{array}{r} A\ B \\ \times\ \ C \\ \hline A\ A\ A \end{array} \rightarrow \begin{array}{r} 3\ 7 \\ \times\ \ 9 \\ \hline 3\ 3\ 3 \end{array}$$

問題 ④ の解答

$$\begin{array}{r} 1\ 0\ 9 \\ A\overline{)A\ B\ A} \end{array} \rightarrow \begin{array}{r} 1\ 0\ 9 \\ 5\overline{)5\ 4\ 5} \end{array}$$

第《だい》14問《もん》：解答《かいとう》

まずはMを，次《つぎ》にO《オー》とSをさぐっていく

まずは，Mに注目《ちゅうもく》してみます。4けたの数《かず》どうしを足《た》し算《ざん》して結果《けっか》が5けたになるとき，一万《いちまん》の位《くらい》の数《かず》は，必《かなら》ず1です。なのでMは1とわかります。

次《つぎ》にO《オー》とSを考《かんが》えます。百《ひゃく》の位《くらい》でくり上《あ》がりがある（1）とすると，Sは8か9でなくてはいけません。百《ひゃく》の位《くらい》でくり上《あ》がりがない（0）とすると，Sは9です。したがって，O《オー》は1か0になりますが，1はすでにMで使《つか》っているので，O《オー》は0とわかります。このとき，Sが8だとすると，百《ひゃく》の位《くらい》はくり上《あ》がりがなくてはならないので，Eが9となりますが，その場合《ばあい》Nがすでに使っている0となってしまうので，Sは9でなくてはならないとわかります。このようにして，次《つぎ》にR，さらにそれ以外《いがい》のE，N，D，Yをさぐっていくと，答《こた》えは以下《いか》のようになります。

```
  SEND          9567
+ MORE   →    + 1085
------        ------
 MONEY         10652
```

第《だい》15問《もん》

1〜9の数字《すうじ》で「100」をつくってみよう

1から9までの数字《すうじ》が並《なら》んでいて，それぞれの数字《すうじ》の間《あいだ》に「＋」「－」「×」「÷」のいずれかを入《い》れ，「100」を完成《かんせい》させます。**数《すう》字《じ》の間《あいだ》に何《なに》も入《い》れないでとなり合《あ》う数字《すうじ》を2けた（あるいは3けた）の数《かず》にしてもよいとします。**

このような数《かず》の遊《あそ》びは「小町《こまち》算《ざん》」とよばれています。平安時代《へいあんじだい》の歌人《かじん》である小野小町《おののこまち》のもとに，百《ひゃく》夜《や》通《かよ》いつめた深草少将《ふかくさのしょうしょう》の「百《もも》夜通《よがよ》い」の話《はなし》が語源《ごげん》になっているともいわれています。では，以下《いか》の問題《もんだい》を解《と》いてみましょう。

問題

1〜9の数字《すうじ》の間《あいだ》に（＋，－）のいずれかを入《い》れて，答《こた》えが100になるようにしてみましょう。何通《なんとお》りできるでしょうか？　なお，となり合《あ》う数字《すうじ》をつなげて一《ひと》つの数《かず》にしてもよいとします。

□1□2□3□4□5□6□7□8□9＝100

例：
－1＋2－3＋4＋5＋6＋78＋9＝100

＞答えは 42 ページ

第《だい》16問《もん》

少《すこ》し複雑《ふくざつ》な小町算《こまちざん》に挑戦《ちょうせん》しよう

小《こ》町算《まちざん》はルールにアレンジを加《くわ》えて楽《たの》しむことも可能《かのう》です。**たとえば，切符《きっぷ》の端《はし》や車《くるま》のナンバープレートに印字《いんじ》された四《よっ》つの数字《すうじ》を使《つか》って，(＋，−，×，÷)やかっこを使《つか》って10をつくる，というゲームも考《かんが》えられます。**

このような変形《へんけい》小《こ》町算《まちざん》の問題《もんだい》を以下《いか》に用意《ようい》したので，挑戦《ちょうせん》してみましょう。問題《もんだい》②は，少《すこ》し複雑《ふくざつ》な分数《ぶんすう》の小《こ》町算《まちざん》です。

問題 ①

四《よっ》つの数字《すうじ》を使《つか》って，四則演算《しそくえんざん》（＋，−，×，÷）やかっこを使《つか》って10をつくってみましょう。ただし，四《よっ》つの数字《すうじ》の順番《じゅんばん》は自由《じゆう》に変《か》えてよいことにします。

(1)　1，1，9，9　　**(2)　1，1，5，8**

問題 ②：分数の小町算

右《みぎ》の例《れい》のように，1〜9の数字《すうじ》をすべて使《つか》った分数式《ぶんすうしき》をつくってみましょう。

例

$$\frac{1}{4}+\frac{5}{38}=\frac{29}{76}$$

＞答えは 43 ページ

第《だい》15問《もん》：解答《かいとう》

＋と－を使《つか》ったものだけでも12通《とお》りある

すでに例《れい》としてあげたものを含《ふく》めると，この問題《もんだい》の答《こた》えは，全部《ぜんぶ》で12通《とお》りあります。すべてみつけられたでしょうか。

$$1 + 2 + 3 - 4 + 5 + 6 + 78 + 9 = 100$$
$$-1 + 2 - 3 + 4 + 5 + 6 + 78 + 9 = 100$$
$$1 + 2 + 34 - 5 + 67 - 8 + 9 = 100$$
$$1 + 23 - 4 + 5 + 6 + 78 - 9 = 100$$
$$12 - 3 - 4 + 5 - 6 + 7 + 89 = 100$$
$$1 + 23 - 4 + 56 + 7 + 8 + 9 = 100$$
$$12 + 3 - 4 + 5 + 67 + 8 + 9 = 100$$
$$12 + 3 + 4 + 5 - 6 - 7 + 89 = 100$$
$$123 - 4 - 5 - 6 - 7 + 8 - 9 = 100$$
$$123 + 4 - 5 + 67 - 89 = 100$$
$$123 + 45 - 67 + 8 - 9 = 100$$
$$123 - 45 - 67 + 89 = 100$$

第《だい》16問《もん》：解答《かいとう》

分数《ぶんすう》の問題《もんだい》は かなり複雑《ふくざつ》

問《もん》題《だい》①は，以下《いか》のような答《こた》えになります。問題《もんだい》②は例《れい》を二《ふた》つ示《しめ》しました。ほかの答《こた》えもみつかりましたか？

問題 ① の解答

(1)　$(1+1\div 9)\times 9=10$

(2)　$8\div(1-1\div 5)=10$

問題 ② の解答例

ほかの答《こた》えもみつかりましたか?

$$\frac{3}{4}+\frac{2}{17}=\frac{59}{68}\qquad\qquad \frac{8}{19}+\frac{25}{76}=\frac{3}{4}$$

第《だい》17問《もん》

つくりかけの魔方陣《まほうじん》を完成《かんせい》させてみよう

1からある数《かず》までの数字《すうじ》を正方形《せいほうけい》に並《なら》べ，縦《たて》，横《よこ》，対角線《たいかくせん》に並《なら》んだ数《かず》の和《わ》がすべて等《ひと》しくなるようにしたものを「魔方陣《まほうじん》」といいます。たとえば下《した》の例《れい》は，1～9の数字《すうじ》を3×3の正方形《せいほうけい》に並《なら》べ，縦《たて》，横《よこ》，対角線《たいかくせん》に並《なら》んだ数《かず》の和《わ》が，すべて15になっている魔方《まほう》陣《じん》です。

では，下の問題①，②のような4×4の正方形《せいほうけい》のつくりかけの魔《ま》方陣《ほうじん》を完成《かんせい》させてみましょう。

例

2	9	4
7	5	3
6	1	8

縦に並んだ数の和は，
2＋7＋6＝15
9＋5＋1＝15
4＋3＋8＝15

横に並んだ数の和は，
2＋9＋4＝15
7＋5＋3＝15
6＋1＋8＝15

対角線に並んだ数の和は，
2＋5＋8＝15
4＋5＋6＝15

問題①

12			
1		10	16
13			
8	14	3	9

問題②

		8	13
	15		
	4	14	
			2

空欄《くうらん》に数字《すうじ》を入《い》れて，4マス×4マスの魔方陣《まほうじん》を完成《かんせい》させましょう。

答えは46ページ

第《だい》18問《もん》

魔方陣《まほうじん》の“外堀《そとぼり》”を埋《う》めよ

下《した》の図《ず》は，5×5のつくりかけの魔方陣《まほうじん》です。内側《うちがわ》9マスだけが完成《かんせい》していて，いちばん外《そと》側《がわ》のマスがすべて空欄《くうらん》となっています。空欄《くうらん》をうまく埋《う》めてこの魔《ま》方陣《ほうじん》を完成《かんせい》させてみましょう。縦《たて》，横《よこ》，対角線《たいかくせん》に並《なら》んだ五《いつ》つの数《かず》の和《わ》は65です。

?	?	?	?	?
?	14	20	21	?
?	7	13	19	?
?	5	6	12	?
?	?	?	?	?

＞答えは47ページ

第《だい》17問《もん》：解答《かいとう》

4×4の魔方陣《まほうじん》では，足《た》し算《ざん》は34と決《き》まっている

二《ふた》つの問題《もんだい》の答《こた》えは下《した》のようになります。

問題《もんだい》①は，いちばん左《ひだり》の列《れつ》をみると数《かず》の和《わ》は34とわかるので，2行《ぎょう》2列《れつ》目《め》のマスが7とわかります。すると左上《ひだりうえ》から右下《みぎした》の対角線《たいかくせん》をみて，3行《ぎょう》3列《れつ》目《め》が6とわかり…と順《じゅん》番《ばん》に埋《う》めていくことができるでしょう。

次《つぎ》に問題《もんだい》②の解《と》き方《かた》をみてみましょう。実《じつ》は4×4の魔方陣《まほうじん》では，問題《もんだい》①と同様《どうよう》，行《ぎょう》や列《れつ》，対角線《たいかくせん》の足《た》し算《ざん》は34と決《き》まっています。なので，まず左上《ひだりうえ》のマスが3と求《もと》まり，次《つぎ》にそのとなりが10，さらに4行《ぎょう》2列《れつ》目《め》マスが5と求《もと》まります。

こうして埋《う》めていくと下《した》の図《ず》のような答《こた》えが得《え》られます。

問題 ① の解答

12	2	15	5
1	7	10	16
13	11	6	4
8	14	3	9

問題 ② の解答

3	10	8	13
6	15	1	12
9	4	14	7
16	5	11	2

第《だい》18問《もん》：解答《かいとう》

中央《ちゅうおう》の3×3を延長《えんちょう》した二《ふた》つのマスの組《くみ》を考《かんが》える

下《した》に解答例《かいとうれい》を示《しめ》しましたが，実《じつ》は答《こた》えは一《ひと》つだけではありません。（14,13,12），（21,13,5），（20,13,6），（7,13,19）は，いずれも合計《ごうけい》が39であり，これらの延長《えんちょう》線上《せんじょう》のマスには合計《ごうけい》が26になる数《かず》の組《くみ》が入《はい》ります。候補《こうほ》は8組《くみ》あり（黒《くろ》の数《かず》は除《のぞ》く），このうち4組《くみ》が延長線上《えんちょうせんじょう》のマスに入《はい》ります。

一方《いっぽう》，2行目《ぎょうめ》に入《はい》る可能性《かのうせい》がある数《かず》の組《くみ》は（1，9）か（2，8），4行《ぎょう》目《め》は（17,25）か（18,24），2列目《れつめ》は（15,24）か（16,23）か（17,22），4列目《れつめ》は（2，11）か（3，10）か（4，9）です。これらの組《くみ》を当《あ》てはめて，延長線上《えんちょうせんじょう》のマスに入《はい》る組《くみ》が4組確保《くみかくほ》できる組《く》み合《あ》わせを考《かんが》えると，候補《こうほ》がかなりしぼられます。

解答例

	1列目	2列目	3列目	4列目	5列目
1行目	15	16	22	3	9
2行目	8	14	20	21	2
3行目	1	7	13	19	25
4行目	24	5	6	12	18
5行目	17	23	4	10	11

第《だい》19問《もん》

10個《こ》の数《かず》をうまく並《なら》べよう

下《した》の図《ず》の青《あお》い円《えん》には，1から10までの数《かず》が入《はい》り，ある規《き》則《そく》にしたがって並《なら》べたいとします。その規則《きそく》とは「3色《しょく》の三角形《さんかっけい》の辺《へん》上《じょう》にある6個《こ》の数《かず》を足《た》すと，いずれも等《ひと》しくなる」というものです。

例《れい》1では，水色《みずいろ》の三角形《さんかっけい》の辺上《へんじょう》にある数《かず》は「7，2，1，4，6，8」で，足《た》し合《あ》わせると28。オレンジ色《いろ》とピンク色《いろ》の三角形《さんかっけい》でも同様《どうよう》に28になります。例《れい》2では，足《た》し合《あ》わせるといずれも38になります。

では，足《た》し合《あ》わせたときに29，30，31，32，33，34，35，36，37になるようにするには，数《かず》をどのように並《なら》べればよいでしょうか？

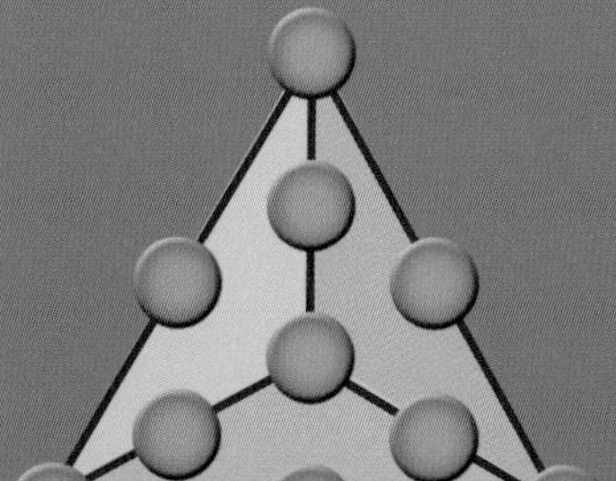

青《あお》い円《えん》に1から10までの数字《すうじ》を規則《きそく》にしたがって入《い》れる

例1

3色《しょく》の三角形《さんかっけい》の辺上《へんじょう》の数《かず》を足《た》すといずれも28になる。

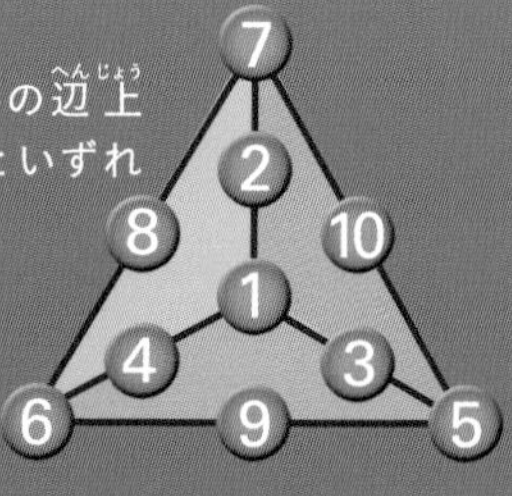

例2

3色《しょく》の三角形《さんかっけい》の辺上《へんじょう》の数《かず》を足《た》すといずれも38になる。

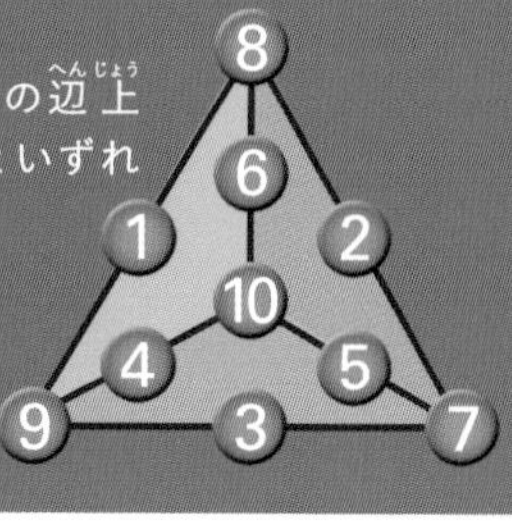

＞答えは50ページ

第《だい》20問《もん》

全豪《ぜんごう》オープンテニスの試合数《しあいすう》は？

下《した》は，テニスの4大大会《だいたいかい》の一《ひと》つである全豪《ぜんごう》オープンテニス2021男子《だんし》シングルスのトーナメント表《ひょう》です。トーナメントとは「勝《か》ち抜《ぬ》き」で優勝者《ゆうしょうしゃ》を決《き》める方《ほう》式《しき》です。

さて，この全豪《ぜんごう》オープンテニス2021男子《だんし》シングルスの全試合数《ぜんしあいすう》は何試合《なんしあい》になるでしょうか？ 出場者数《しゅつじょうしゃすう》は128人《にん》で，敗者復活戦《はいしゃふっかつせん》や3位決定戦《いけっていせん》はないものとします。

全豪オープンテニス2021 男子シングルス　トーナメント表

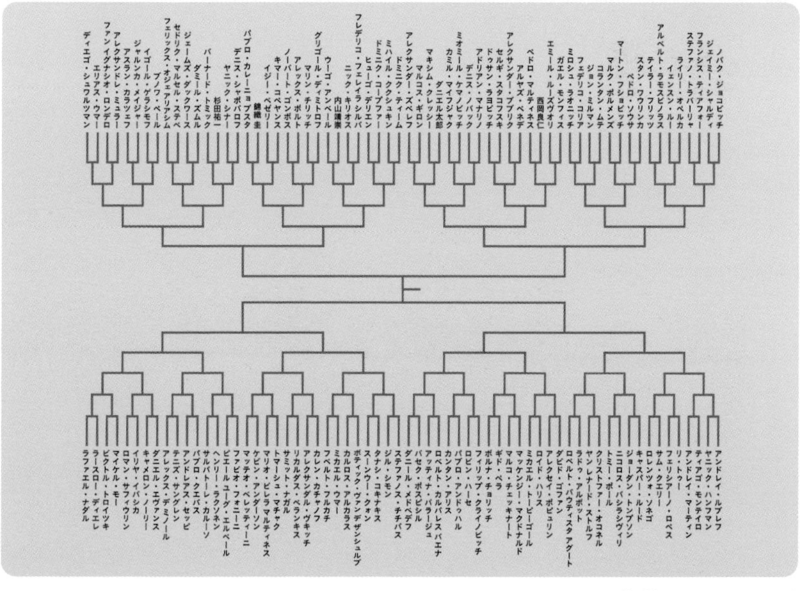

› 答えは51ページ

第《だい》19問《もん》：解答《かいとう》

それぞれの解答《かいとう》は一《ひと》つとはかぎらない

足《た》し合《あ》わせると29～37になる並《なら》べ方《かた》の例《れい》を下《した》に示《しめ》しました。それぞれの解答《かいとう》は，ここにあげた一《ひと》つとはかぎりません。別《べつ》のパターンもぜひさがしてみてください。

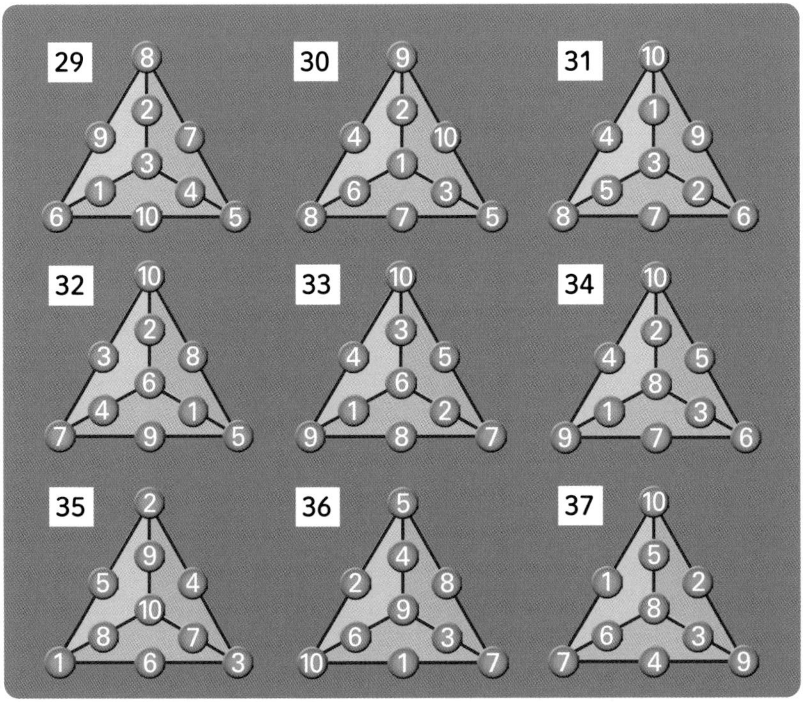

第《だい》20問《もん》：解答《かいとう》

トーナメントの全試合数《ぜんしあいすう》は，全出場者数《ぜんしゅつじょうしゃすう》－1になる

1回戦《かいせん》は128÷2＝64試合《しあい》，2回戦《かいせん》は64÷2＝32試合《しあい》，3回《かい》戦《せん》は32÷2＝16試合《しあい》……，すべて足《た》し合《あ》わせて……などと考《かんが》えてはたいへんです。

下《した》の図《ず》のように，トーナメントでは，優勝者《ゆうしょうしゃ》であるノバク・ジョコビッチ以外《いがい》が全員《ぜんいん》1敗《ぱい》していることになります。1回《かい》の試合《しあい》で敗《はい》者《しゃ》が一人《ひとり》決《き》まるのですから，全試《ぜんし》合数《あいすう》は，全出場者《ぜんしゅつじょうしゃ》128人《にん》－1＝127試合《しあい》とすぐにわかります。

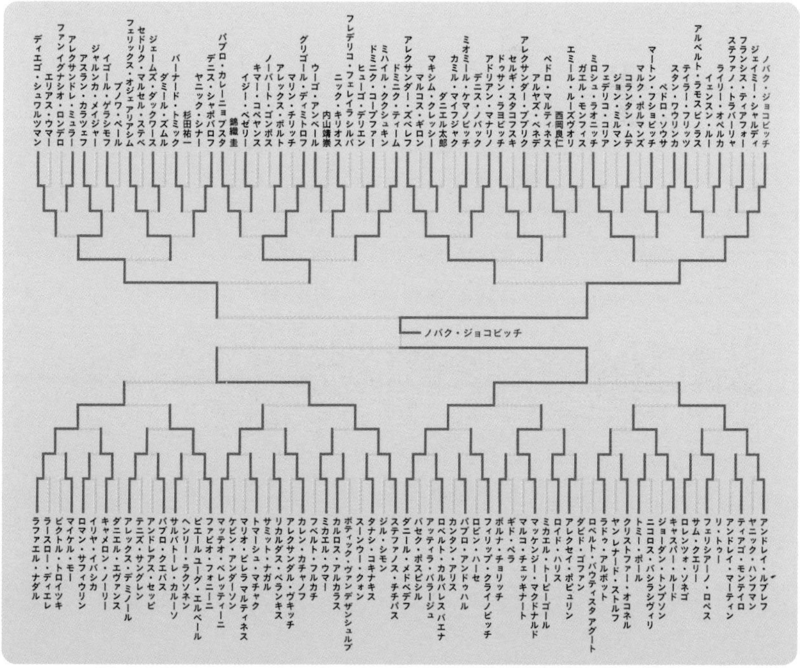

3

ちょっと歯《は》ごたえアリ 形《かたち》のパズル【中級編《ちゅうきゅうへん》】

ここからは，少《すこ》し歯《は》ごたえのあるパズルに挑戦《ちょうせん》していきましょう。大《おお》きさのことなる3枚《まい》のピザを4人《にん》で分《わ》けるパズルや，ある条件《じょうけん》を満《み》たすような円《えん》をえがくパズルなどを取《と》り上《あ》げました。頭《あたま》をやわらかくしてじっくり取《と》り組《く》んでみましょう。

第《だい》21問《もん》

マッチ棒《ぼう》を動《うご》かして 正三角形《せいさんかっけい》を減《へ》らせ

ふたたびマッチ棒《ぼう》パズルにチャレンジしてみましょう。下《した》の図《ず》のように12本《ほん》のマッチ棒《ぼう》が6個《こ》の正三角形《せいさんかっけい》をつくっています。**マッチ棒《ぼう》を2本《ほん》だけ移動《いどう》させて，正三角形《せいさんかっけい》を5個《こ》に減《へ》らしてみましょう**。それができたら，その状態《じょうたい》からさらにマッチ棒《ぼう》を2本移《ほんい》動《どう》させて，正三角形《せいさんかっけい》を4個《こ》に減《へ》らしてみましょう。

それもできたら，その状態《じょうたい》からさらにマッチ棒《ぼう》を2本移動《ほんいどう》させて，正三角形《せいさんかっけい》を3個《こ》に減《へ》らしてみましょう。そこからさらにマッチ棒《ぼう》を2本移動《ほんいどう》させて，正三角形《せいさんかっけい》を2個《こ》に減《へ》らしてみましょう。ただし，すべてのマッチ棒《ぼう》はつねに正三角形《せいさんかっけい》の一部《いちぶ》となっていなくてはなりません。

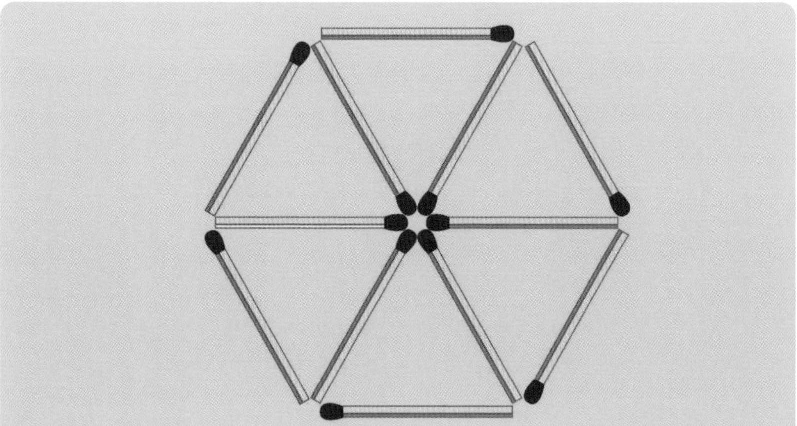

答えは56ページ

第《だい》22問《もん》

四《よっ》つの小部屋《こべや》を三《みっ》つに仕切《しき》り直《なお》せ

つづいてもう1問《もん》，マッチ棒《ぼう》パズルに挑戦《ちょうせん》してみましょう。

下《した》の図《ず》には，1辺《べん》がマッチ棒《ぼう》4本《ほん》からなる正方形《せいほうけい》があり，その正方《せいほう》形《けい》の中《なか》が9本《ほん》のマッチ棒《ぼう》によって四《よっ》つの小部屋《こべや》に仕切《しき》られています。それぞれの小部屋《こべや》の面積《めんせき》は，1辺《べん》がマッチ棒《ぼう》1本《ぽん》からなる正方形《せいほうけい》の面積《めんせき》を1とすると，面積《めんせき》2の部屋《へや》が一《ひと》つ，面積《めんせき》3の部屋《へや》が二《ふた》つ，面《めん》積《せき》8の部屋《へや》が一《ひと》つとなっています。

では，**マッチ棒《ぼう》を2本《ほん》移動《いどう》させて，面積《めんせき》が4と6と6になるような三《みっ》つの小部屋《こべや》に仕切《しき》られた状《じょう》態《たい》にしてみましょう。**

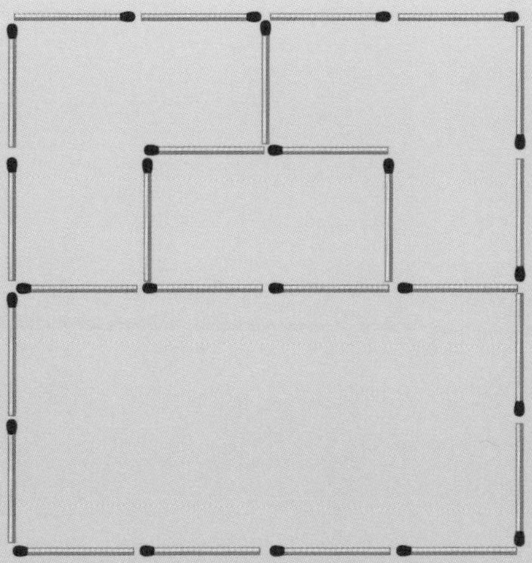

› 答えは57ページ

第《だい》21問《もん》：解答《かいとう》

大《おお》きな正三角形《せいさんかっけい》をつくり数《かず》を減《へ》らしていく

下《した》の図《ず》のようにマッチ棒《ぼう》を移《い》動《どう》させれば，正三角形《せいさんかっけい》を5個《こ》→4個《こ》→3個《こ》→2個《こ》に減《へ》らすことができます。

4個《こ》から3個《こ》に減《へ》らすときに，ひとまわり大《おお》きな正三角形《せいさんかっけい》をつくることに気《き》がつけるかどうかが，この問題《もんだい》を解《と》くポイントです。

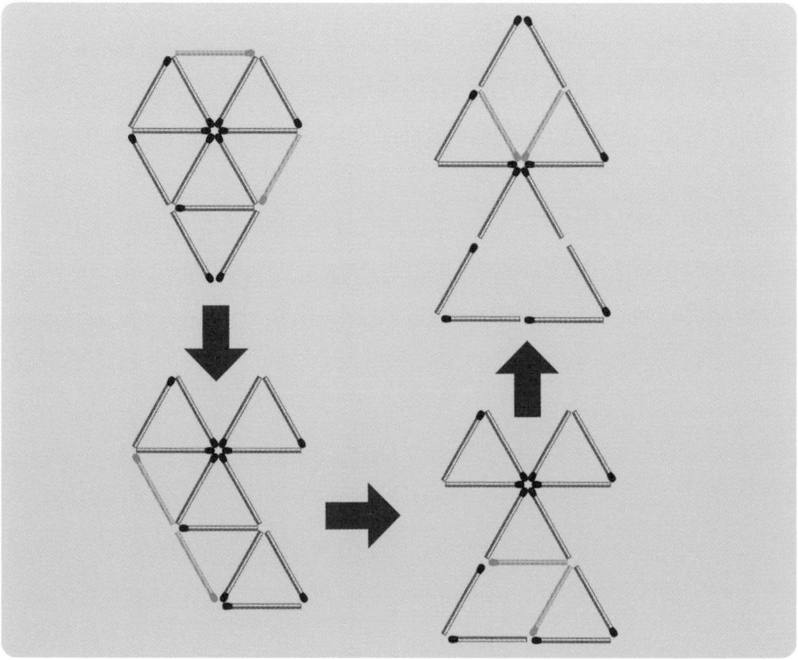

第《だい》22問《もん》：解答《かいとう》

一部《いちぶ》が飛《と》びでた部屋《へや》をつくるとよい

元《もと》の図《ず》にあった面積《めんせき》3の二《ふた》つの部屋《へや》を仕切《しき》っていたマッチ棒《ぼう》1本《ぼん》を取《と》りのぞくと，面積《めんせき》6の部屋《へや》ができます。そして，元《もと》の図《ず》の中央《ちゅうおう》にあった面積《めんせき》2の小《ちい》さな部屋《へや》と，その下《した》にあった面積《めんせき》8の大《おお》きな部屋《へや》を仕切《しき》っていたマッチ棒《ぼう》2本《ほん》のうちの1本《ぼん》を取《と》りのぞくと，面積《めんせき》10の大《おお》きな部屋《へや》ができます。さらに，取《と》りのぞいた2本《ほん》のマッチ棒《ぼう》でその部屋《へや》を面積《めんせき》が6と4の二《ふた》つの部屋《へや》になるように仕切《しき》れば完成《かんせい》です。

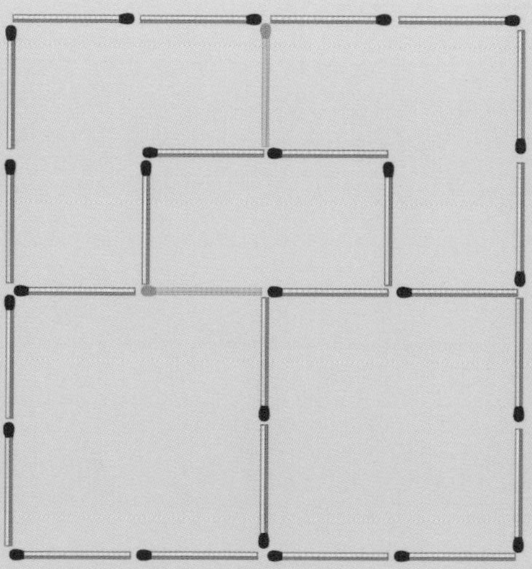

第《だい》23問《もん》

四《よっ》つの点《てん》を通《とお》る円《えん》はいくつえがけるか？

下《した》の図《ず》1のように，9個《こ》の点《てん》が格子状《こうしじょう》に配置《はいち》されています。**これらの点《てん》のうち四《よっ》つの点《てん》を通《とお》る円《えん》はいくつえがけるでしょうか？**

たとえば，例《れい》1や例《れい》2がそのような円《えん》ですが，まだまだほかにもえがけそうです。挑戦《ちょうせん》してみましょう。

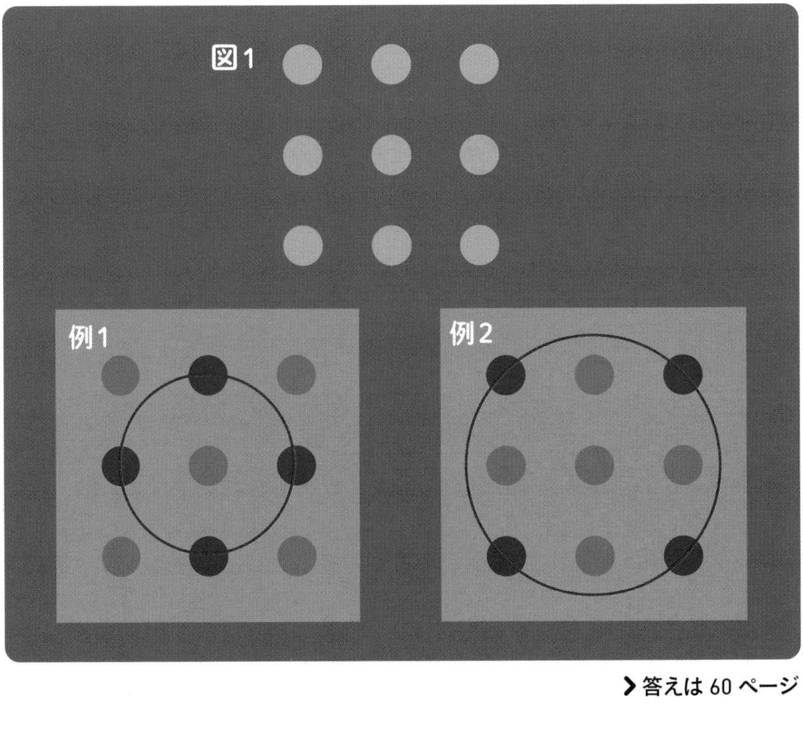

＞答えは60ページ

第《だい》24問《もん》

直線《ちょくせん》と二《ふた》つの円《えん》に接《せっ》する円《えん》は全部《ぜんぶ》でいくつ？

下《した》の図《ず》1のように，二《ふた》つの円《えん》と直線《ちょくせん》が配置《はいち》されています。**これら二《ふた》つの円《えん》と直線《ちょくせん》すべてに接《せっ》する円《えん》はいくつあるでしょうか？** たとえば，例《れい》1や例《れい》2がそのような円《えん》です。例《れい》1は，元《もと》の二《ふた》つの円《えん》が，両者《りょうしゃ》ともに円《えん》の内側《うちがわ》に接《せっ》する（内接《ないせつ》する）ようなタイプです。一《いっ》方《ぽう》，例《れい》2は元《もと》の二《ふた》つの円《えん》が，ともに円《えん》の外側《そとがわ》に接《せっ》する（外接《がいせつ》する）ようなタイプです。

さて，これ以外《いがい》にもまだまだ円《えん》をえがくことが可能《かのう》です。全部《ぜんぶ》で何個《なんこ》の円《えん》がえがけるでしょうか？

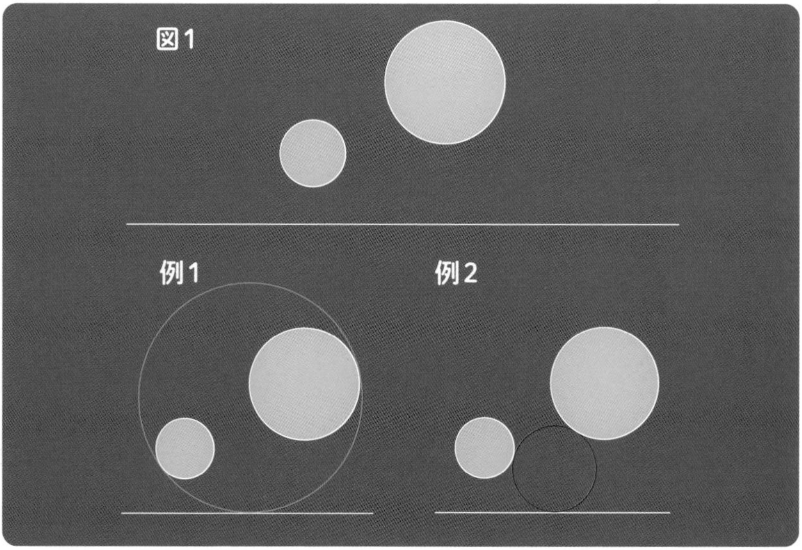

＞答えは61ページ

第《だい》23問《もん》：解答《かいとう》

四《よっ》つの点《てん》を通《とお》る円《えん》は全《ぜん》部《ぶ》で14個《こ》

えがくことのできる円《えん》は，全《ぜん》部《ぶ》で14個《こ》です。円《えん》の中心《ちゅうしん》は，円周《えんしゅう》からの距離《きょり》が等《ひと》しい点《てん》です。したがって，4個《こ》の点《てん》からの距離《きょり》が等《ひと》しい点《てん》をみつけられれば，その点《てん》が4個《こ》の点《てん》を通《とお》る円《えん》の中心《ちゅうしん》になります。

下《した》のAとBは例《れい》であげた円《えん》で，そのほかにC，D，Eのパターンがあります。A～Eの円《えん》をすべて合《あ》わせると，確《たし》かに合計《ごうけい》14個《こ》の円《えん》がえがけることがわかります。

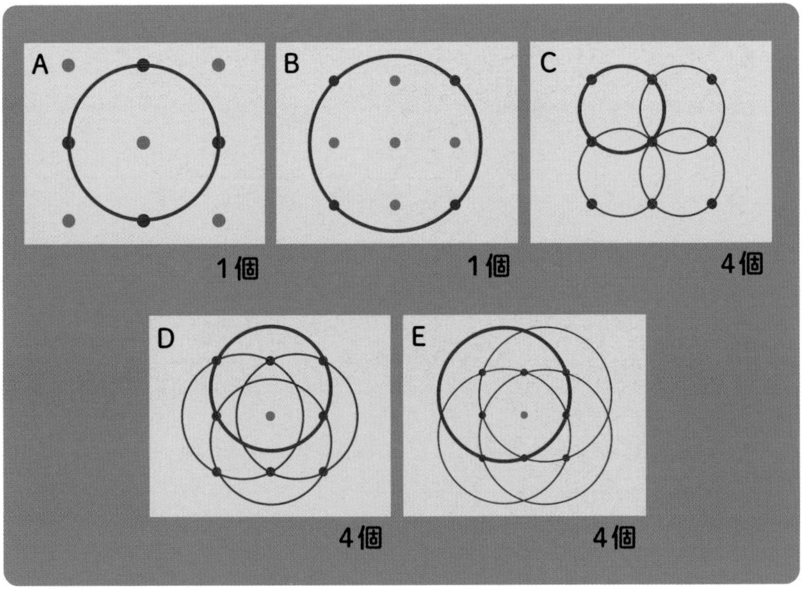

第《だい》24問《もん》：解答《かいとう》

直線《ちょくせん》と二《ふた》つの円《えん》に接《せつ》する円《えん》は全部《ぜんぶ》で8個《こ》

答《こた》えは全部《ぜんぶ》で8個《こ》です。下《した》の図《ず》1の黄色《きいろ》でえがいた二《ふた》つの円《えん》は，小《ちい》さい円《えん》が内接《ないせつ》，大《おお》きい円《えん》が外接《がいせつ》するタイプです。図《ず》2の緑《みどり》でえがいた二《ふた》つの円《えん》は，ともに元《もと》の二《ふた》つの円《えん》が内接《ないせつ》するタイプ。図《ず》3の赤《あか》でえがいた二《ふた》つの円《えん》は，ともに元《もと》の二《ふた》つの円《えん》が外接《がいせつ》するタイプ。図《ず》4の青《あお》でえがいた二《ふた》つの円《えん》は，小《ちい》さい円《えん》が外接《がいせつ》，大《おお》きい円《えん》が内接《ないせつ》するタイプです。この本《ほん》をはみだすほど大《おお》きな円《えん》の存在《そんざい》に，あなたは気《き》づくことができたでしょうか？

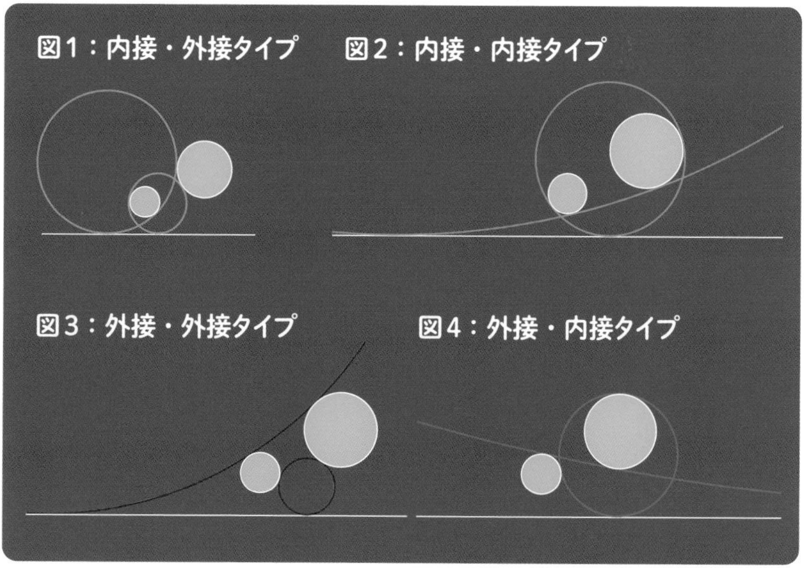

第《だい》25問《もん》

四《よっ》つの点《てん》から，かくれた正方形《せいほうけい》をさがそう

下《した》の図《ず》の左上《ひだりうえ》の例《れい》は，正方形《せいほうけい》の各辺《かくへん》に1点《てん》ずつ点《てん》をしるしたものです。

さて，図《ず》の右下《みぎした》にある4点《てん》A～Dは，例《れい》と同《おな》じようにして，もともと正方形《せいほうけい》の各辺《かくへん》の上《うえ》にしるした点《てん》です。**この4点《てん》から元《もと》の正方形《せいほうけい》を復元《ふくげん》してみましょう。**

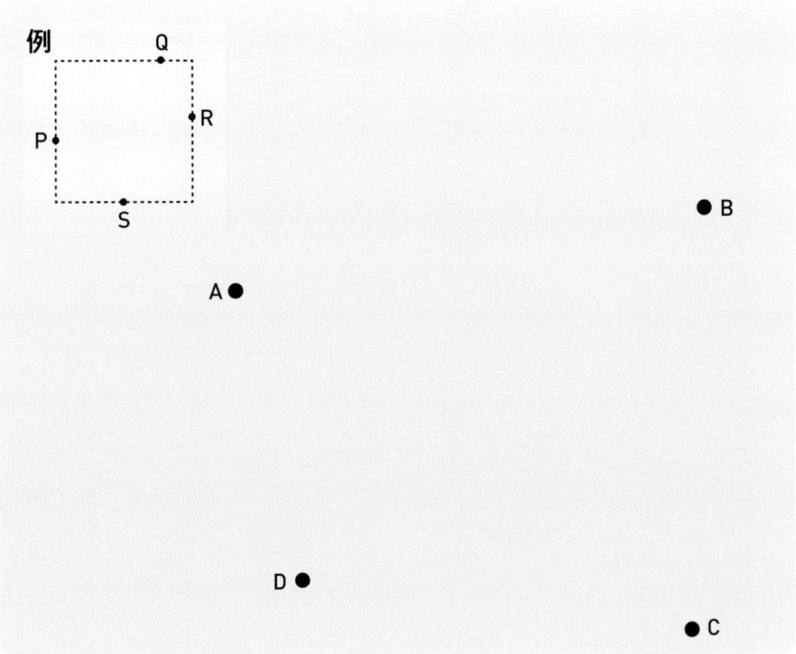

答えは64ページ

第《だい》26問《もん》

図《ず》の中《なか》にかくれた三角形《さんかっけい》はいくつある？

下《した》の図《ず》は，線分《せんぶん》ABの点《てん》Aと点《てん》Bから直線《ちょくせん》をそれぞれ3本《ぼん》ずつのばしたものです。**では，この図《ず》の中《なか》にはいったい何個《なんこ》の三角《さんかっ》形《けい》がかくれているでしょうか？**

目《め》についたものを一《ひと》つ一《ひと》つ数《かぞ》えて正解《せいかい》にたどりつくこともできますが，ここでは効率《こうりつ》よく数《かぞ》える方《ほう》法《ほう》も考《かんが》えてみましょう。

答えは 65 ページ

第《だい》25問《もん》：解答《かいとう》

まずは点《てん》Aと点《てん》Cを結《むす》び，点《てん》Bから垂線《すいせん》を引《ひ》く

まず最初《さいしょ》に，点《てん》Aと点《てん》Cを結《むす》びます（①）。次《つぎ》に点《てん》Bから直線《ちょくせん》ACに垂線《すいせん》を引《ひ》き（②），直線《ちょくせん》ACと直線《ちょくせん》BEが同《おな》じ長《なが》さになるような点《てん》Eをとります（③）。

次《つぎ》に点《てん》Dと点《てん》Eを結《むす》ぶ直線《ちょくせん》を引《ひ》くと，これが元《もと》の正方形《せいほうけい》の1辺《べん》になります（④）。次《つぎ》に，点《てん》Aを通《とお》り直線《ちょくせん》DEと垂直《すいちょく》になるような直線《ちょくせん》を引《ひ》き（⑤），さらに，点《てん》Cを通《とお》り直線《ちょくせん》DEと垂直《すいちょく》になるような直線《ちょくせん》を引《ひ》きます（⑥）。

最後《さいご》に，点《てん》Bを通《とお》り直線《ちょくせん》DEと平行《へいこう》になるような直線《ちょくせん》を引《ひ》けば（⑦），元《もと》の正方形《せいほうけい》の4辺《べん》が復元《ふくげん》できます。

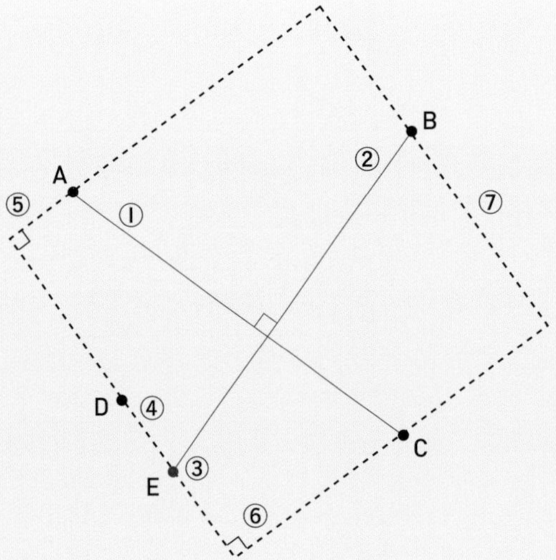

第《だい》26問《もん》：解答《かいとう》

かくれている三角形《さんかっけい》は全部《ぜんぶ》で27個《こ》

正《せい》解《かい》は27個《こ》。効率《こうりつ》よくさがすには以下《いか》のように考《かんが》えます。

STEP①：まず辺《へん》ABを1辺《ぺん》にもつ三角形《さんかっけい》をさがします。そのような三角形《さんかっけい》は点《てん》Aからのびる3本《ぼん》の直《ちょく》線《せん》のうち1本《ぽん》と，点《てん》Bからのびる3本《ぼん》の直線《ちょくせん》のうち1本《ぽん》を使《つか》うことになるので，3×3で9通《とお》りあります。

STEP②：次《つぎ》に右下《みぎした》の図《ず》のように辺《へん》ABを1辺《ぺん》にもたない三角形《さんかっけい》を考《かんが》えます。そのような三角形《さんかっけい》は，点《てん》Aからのびる3本《ぼん》の直線《ちょくせん》のうち2本《ほん》と点《てん》Bからのびる3本《ぼん》の直線《ちょくせん》のうち1本《ぽん》を使《つか》うものと，点《てん》Bからのびる3本《ぼん》の直線《ちょくせん》のうち2本《ほん》と点《てん》Aからのびる3本《ぼん》の直線《ちょくせん》のうち1本《ぽん》を使《つか》うものがあります。

そうした三角形《さんかっけい》はそれぞれ9通《とお》りあるので，かくれている三角形《さんかっけい》は全部《ぜんぶ》で27個《こ》だとわかります。

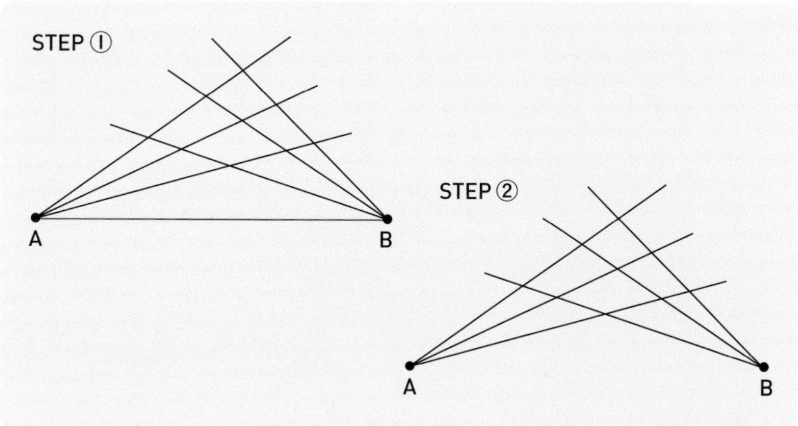

第《だい》27問《もん》

ピザ3枚《まい》を4人《にん》で分《わ》けるには？

サイズのことなる3枚《まい》のピザがあります。それぞれの直《ちょっ》径《けい》は6センチメートル，8センチメートル，10センチメートルです。

4人《にん》で均等《きんとう》に分《わ》けるには，どのように切《き》り分《わ》ければよいでしょうか？ ただし，最《もっと》も小《ちい》さいピザはカットしてはいけません。また，すべてのピザの生地《きじ》の厚《あつ》さは均一《きんいつ》で，具《ぐ》も全面《ぜんめん》に等《ひと》しくのっているとします。

むずかしい計算《けいさん》は必要《ひつよう》ありません。柔軟《じゅうなん》な発想《はっそう》でカットしてみましょう。

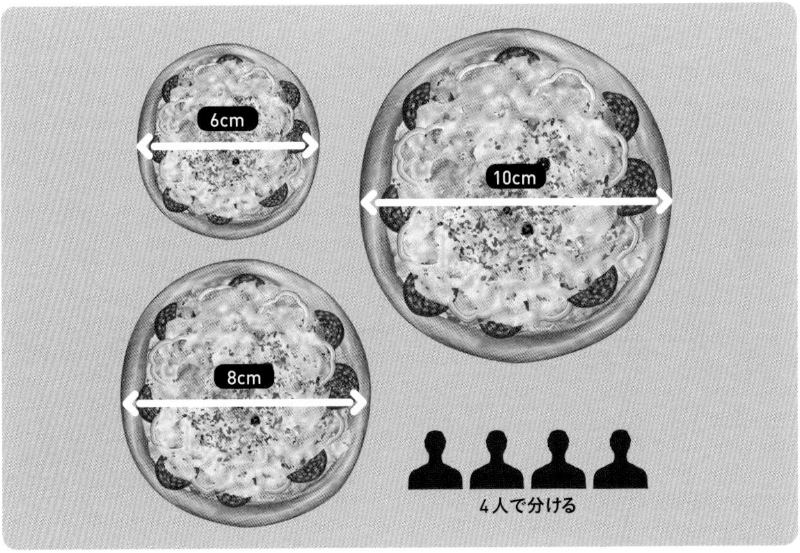

答えは 68 ページ

第《だい》28問《もん》

台形《だいけい》の土地《とち》を公平《こうへい》に分割《ぶんかつ》するには？

あるところに，地主《じぬし》Xと地主《じぬし》Yがいました。二人《ふたり》の所有《しょゆう》する土地《とち》は接《せっ》していましたが，その境界線《きょうかいせん》は，下《した》の図《ず》のように折《お》れ線《せん》状《じょう》になっていました。また，両者《りょうしゃ》が共同《きょうどう》で使用《しよう》する井戸《いど》が一《ひと》つありました。

ある日《ひ》，地主《じぬし》Xは地主《じぬし》Yに「おたがいの土地《とち》の境界線《きょうかいせん》を直線《ちょくせん》にしないか？」と持《も》ちかけました。**すると地主《じぬし》Yは「おたがいの土地《とち》の面積《めんせき》が以前《いぜん》と変《か》わらず，一《ひと》つしかない井戸《いど》が境界線上《きょうかいせんじょう》にあるならば問題《もんだい》ない」と答《こた》えました。**

さて，どのように境界線《きょうかいせん》を引《ひ》けばよいでしょうか？

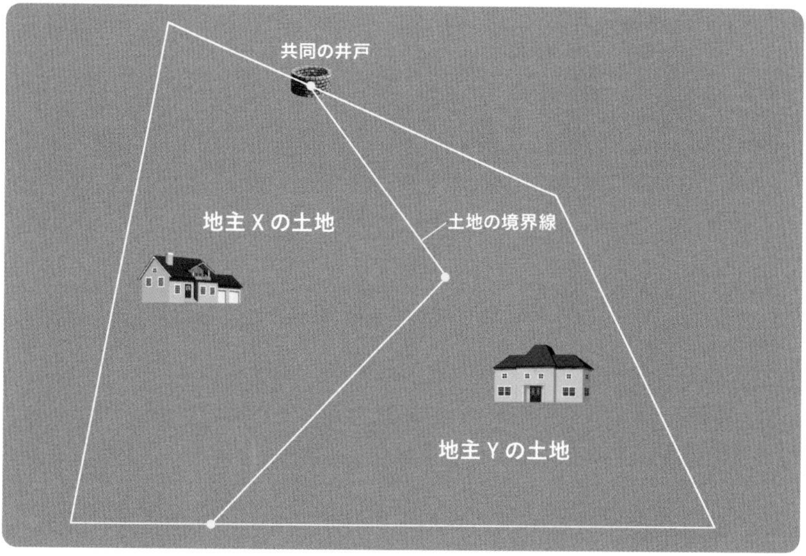

答えは69ページ

第《だい》27問《もん》：解答《かいとう》

大《おお》きいピザは2等分《とうぶん》。中《ちゅう》くらいのピザはくりぬく

円《えん》周率《しゅうりつ》(3.14…)をπ《パイ》とすれば，円《えん》の面積《めんせき》は「半径《はんけい》×半径《はんけい》×π」なので，それぞれのピザの面積《めんせき》は9π，16π，25πと書《か》けます。つまり，小《ちい》さいピザと中《ちゅう》くらいのピザを足《た》した面積《めんせき》は，大《おお》きいピザの面積《めんせき》と同《おな》じです。したがって，4人《にん》のうち二人《ふたり》は大《おお》きいピザを2等分《とうぶん》すればよいことになります。

残《のこ》りの二人《ふたり》で小《ちい》さいピザと中《ちゅう》くらいのピザを等《ひと》しく分《わ》ける簡単《かんたん》な方法《ほうほう》は，2枚《まい》を重《かさ》ねて，中《ちゅう》くらいのピザのはみだした部分《ぶぶん》を切《き》り取《と》り，その切《き》り取《と》った部分《ぶぶん》を2等分《とうぶん》すればよいことになります。一人《ひとり》あたりの分《わ》け前《まえ》は，小《ちい》さいピザ1枚分《まいぶん》と，切《き》り取《と》った部分《ぶぶん》の$\frac{1}{2}$になります。

第《だい》28問《もん》：解答《かいとう》

底辺《ていへん》と高《たか》さが共通《きょうつう》している三角形《さんかっけい》をみつけだせばよい

土《と》地《ち》の境界線上《きょうかいせんじょう》の3点《てん》をA，B，Cとし，Aの位置《いち》に井戸《いど》があるとします。まず，AとCを結《むす》ぶ直線《ちょくせん》ACを引《ひ》きます。次《つぎ》に，Bを通《とお》り，直線《ちょくせん》ACと平行《へいこう》な直線《ちょくせん》DEを引《ひ》きます。そして，AとEを結《むす》ぶ直《ちょく》線《せん》AEを引《ひ》けば，問題《もんだい》の条件《じょうけん》を満《み》たす新《あたら》しい境界線《きょうかいせん》となります。

二人《ふたり》の土地《とち》が混在《こんざい》する四角形《しかっけい》ACEDのうち，地主《じぬし》Xの土地《とち》はもともと△ABCです。そして，直線《ちょくせん》ACと直線《ちょくせん》DEは平行《へいこう》なので，新《あら》たに地主《じぬし》Xの土地《とち》となる△AECの面積《めんせき》は，底辺《ていへん》と高《たか》さが共通《きょうつう》している△ABCの面積《めんせき》と同《おな》じになります。したがって，地主《じぬし》Xの土地《とち》の面積《めんせき》は以前《いぜん》と変《か》わっておらず，当然《とうぜん》地主《じぬし》Yの土地《とち》の面積《めんせき》も以前《いぜん》と変《か》わっていないことがわかります。

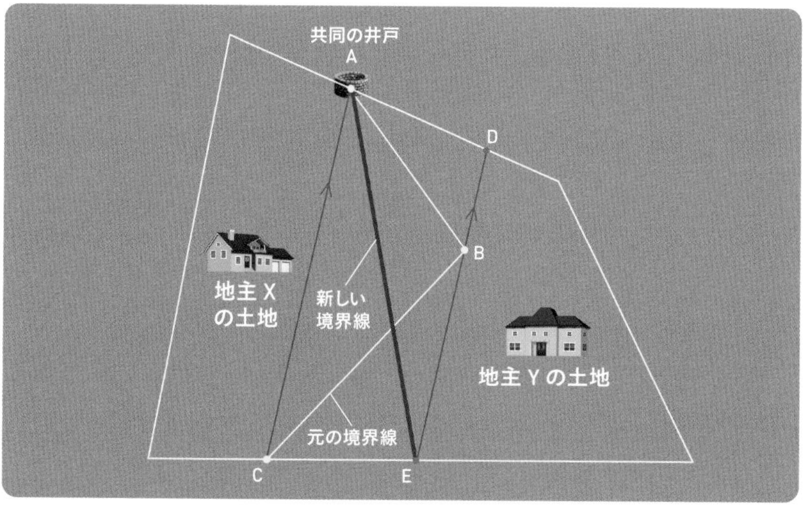

第《だい》29問《もん》

三日月《みかづき》の面積《めんせき》は正方形《せいほうけい》の何分《なんぶん》の1？

下《した》の図《ず》は，正方形《せいほうけい》ABCDの頂《ちょう》点《てん》Dを中心《ちゅうしん》として頂点《ちょうてん》AとCを通《とお》る扇形《おうぎがた》DACと，正方形《せいほうけい》ABCDの中心《ちゅうしん》Oを中心《ちゅうしん》として頂点《ちょうてん》A，B，Cを通《とお》る半円《はんえん》をえがいたものです。このとき，扇形《おうぎがた》DACの円《えん》弧《こ》と半円《はんえん》の円弧《えんこ》の間《あいだ》に三日月《みかづき》のような形《かたち》ができます（濃《こ》い紫色《むらさきいろ》の部分《ぶぶん》）。**では，この三日月《みかづき》の面積《めんせき》は，正方形《せいほうけい》ABCDの面積《めんせき》の何分《なんぶん》の1でしょうか？**

ちなみにこの三日月《みかづき》は，紀元前《きげんぜん》500～前《ぜん》400年《ねん》ころの数学者《すうがくしゃ》の名《な》をとって「ヒポクラテスの三日《みか》月《づき》」とよばれています。

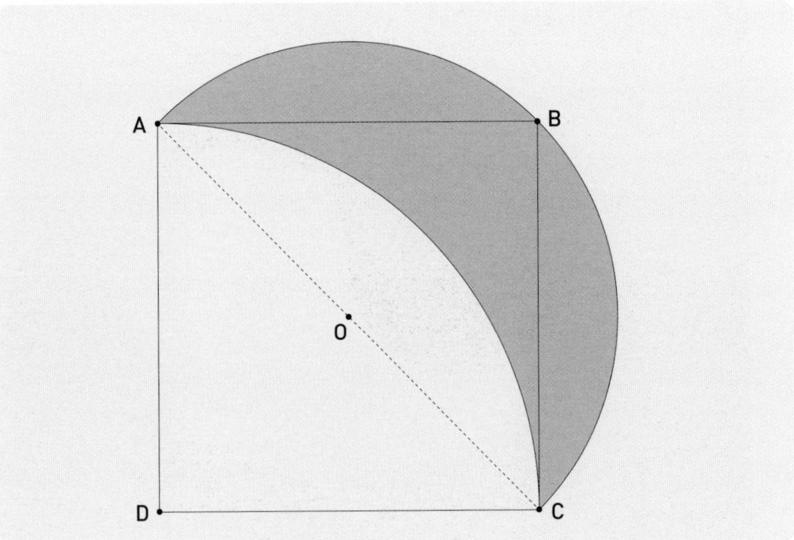

答えは72ページ

第《だい》30問《もん》

太極図《たいきょくず》を四《よっ》つに分《わ》けるには？

下《した》の白《しろ》と黒《くろ》の絵《え》は「太極図《たいきょくず》」とよばれる図形《ずけい》です。白《しろ》と黒《くろ》を分《わ》けている曲線《きょくせん》は，同《おな》じ大《おお》きさの二《ふた》つの半円《はんえん》を，たがいちがいにして円《えん》の中心《ちゅうしん》でつなぎ合《あ》わせたものです。

この太極図《たいきょくず》を，1本《ぽん》の線《せん》（曲線《きょくせん》でもかまいません）を引《ひ》くだけで同《おな》じ形《かたち》・同《おな》じ大《おお》きさの四《よっ》つの図形《ずけい》（白二《しろふた》つ，黒二《くろふた》つ）に分《わ》けるには，どのようにすればよいでしょうか？

次《つぎ》に，1本《ぽん》の直線《ちょくせん》を引《ひ》くだけで元《もと》の図《ず》を面積《めんせき》が同《おな》じ四《よっ》つの図形《ずけい》（白二《しろふた》つ，黒二《くろふた》つ）に分《わ》けてみましょう。四《よっ》つの図形《ずけい》の形《かたち》が同《おな》じでなくてもかまいません。

太極図

＞答えは 73 ページ

第《だい》29問《もん》：解答《かいとう》

三日月《みかづき》の面積《めんせき》は正方形《せいほうけい》の面積《めんせき》の$\frac{1}{2}$

下《した》の図《ず》を見《み》ながら考《かんが》えましょう。正方形《せいほうけい》ABCDの1辺《ぺん》の長《なが》さを2とすると，半円《はんえん》(上段《じょうだん》のピンク)の面積《めんせき》はπ，扇形《おうぎがた》DAC(下《げ》段《だん》のピンク)の面積《めんせき》もπで，同《おな》じ面積《めんせき》だとわかります(①)。

ここで，図《ず》の上段《じょうだん》を見《み》るとわかるように，求《もと》めたい三日月《みかづき》の面積《めんせき》(紫《むらさき》)は，半円《はんえん》(ピンク)と扇形《おうぎがた》DAC(下段《げだん》のピンク)の共通部分《きょうつうぶぶん》(緑《みどり》)を半円《はんえん》から引《ひ》いたものです。一方《いっぽう》，下段《げだん》を見《み》ると，扇形《おうぎがた》DACから緑《みどり》の部分《ぶぶん》を引《ひ》いたものは三角形《さんかっけい》ACDです。つまり，三日月《みかづき》と三角《さんかっ》形《けい》ACDは同《おな》じ面積《めんせき》です(②)。ということは，三日月《みかづき》の面積《めんせき》は正方《せいほう》形《けい》ABCDの面積《めんせき》の$\frac{1}{2}$だとわかります。

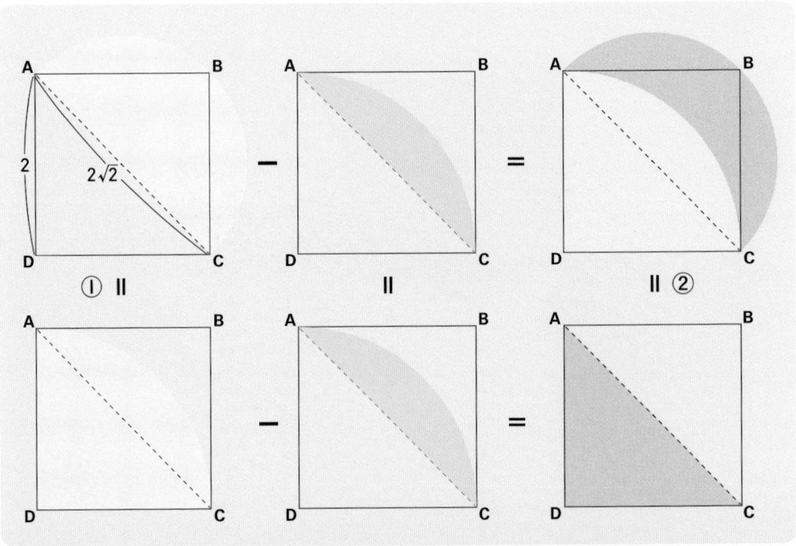

第《だい》30問《もん》：解答《かいとう》

半円《はんえん》となる曲線《きょくせん》を二《ふた》つ引《ひ》く。小《ち》さな円《えん》をつくって直線《ちょくせん》を引《ひ》く

曲線《きょくせん》で分《わ》ける方法《ほうほう》は，図《ず》1のとおりです。直線《ちょくせん》で分《わ》ける方法《ほうほう》は，まず図《ず》1のaに着目《ちゃくもく》し，小《ちい》さな円《えん》をつくります（図《ず》2）。そしてとなり合《あ》う半円《はんえん》との交点《こうてん》と大《おお》きな円《えん》の中心《ちゅうしん》を通《とお》る直線《ちょくせん》を引《ひ》けば，それが太極図《たいきょくず》を面積《めんせき》が同《おな》じ四《よっ》つの図形《ずけい》に分《わ》ける直線《ちょくせん》です。

小《ちい》さな円《えん》の半径《はんけい》は，大《おお》きな円《えん》の半分《はんぶん》なので，小《ちい》さな円《えん》の面積《めんせき》は大《おお》きな円《えん》の$\frac{1}{4}$です。つまり，その小《ちい》さな円《えん》は，図《ず》1のaと同《おな》じ面積《めんせき》ということになります。したがって，図《ず》2のA＋Bの面積《めんせき》とC＋Dの面積《めんせき》は同《おな》じになるので，結局《けっきょく》A，B，C，Dはすべて同《おな》じ面積《めんせき》になっています。図《ず》を見《み》ると，図形《ずけい》aから，図形《ずけい》Bを切《き》り取《と》り，図形《ずけい》Cを加《くわ》えても面積《めんせき》は変《か》わらず，それが直線《ちょくせん》で分《わ》けた図形《ずけい》であることがわかります。

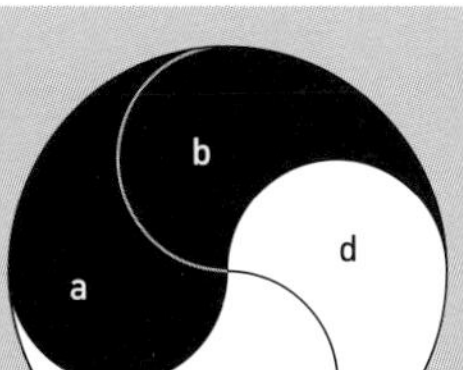

図1

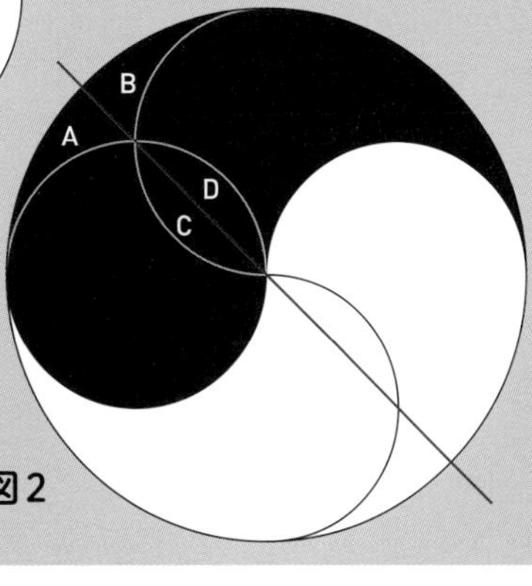

図2

第《だい》31問《もん》

まっすぐな塀《へい》で，すべての木《き》を分離《ぶんり》するには？

土《と》地《ち》の分割《ぶんかつ》パズルに挑戦《ちょうせん》してみましょう。ここでは，そこに生《は》えている木《き》も分割《ぶんかつ》の対象《たいしょう》とすることにします。

では問題《もんだい》。下《した》の図《ず》のように，16本《ぽん》の木《き》が立《た》っている土地《とち》があります。ここに直線《ちょくせん》の塀《へい》を5本《ほん》立《た》てて，16本《ぽん》の木《き》すべてがほかのどの木《き》とも分離《ぶんり》しているようにしたいとします。**これを実現《じつげん》するには，どのように塀《へい》を立《た》てればよいでしょうか？**

イギリスのパズル作家ヘンリー・アーネスト・デュードニーの作品をもとに作成。

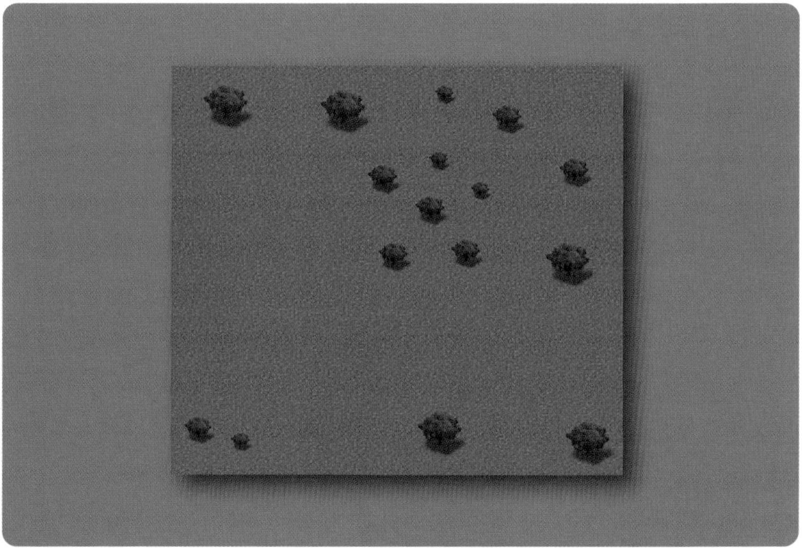

答えは 76 ページ

第《だい》32問《もん》

土地《とち》と木《き》を公平《こうへい》に分割《ぶんかつ》するには？

つづいてもう1問《もん》，土地《とち》と木《き》の分割《ぶんかつ》パズルです。下《した》の図《ず》のように，24本《ほん》の木《き》が立《た》っている正方形《せいほうけい》の土地《とち》があります。この土《と》地《ち》の持《も》ち主《ぬし》は，8人《にん》の子《こ》どもに同《おな》じ広《ひろ》さの土地《とち》と，同《おな》じ本数《ほんすう》の木《き》をゆずりたいと考《かんが》えています。

直線《ちょくせん》の境界線《きょうかいせん》でそのように土地《とち》と木《き》を分《わ》けるとすると，どのように分《わ》ければよいでしょうか？

デュードニーの作品をもとに作成。

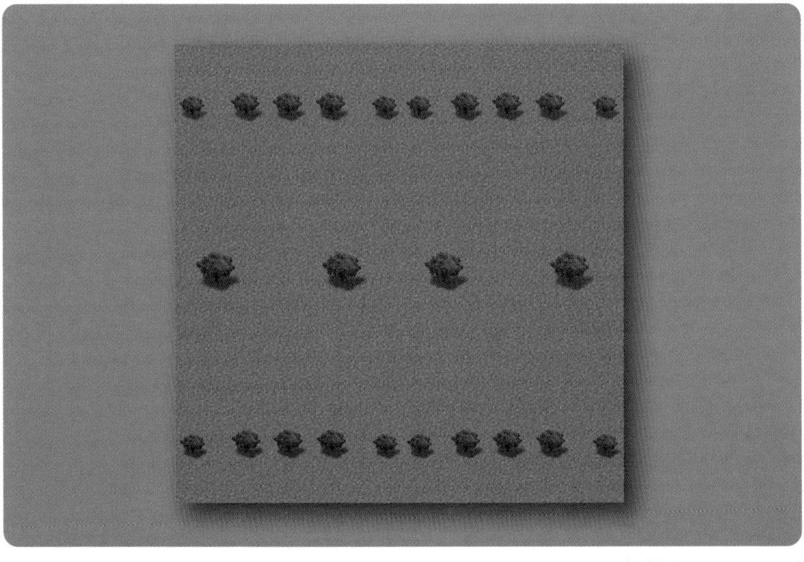

＞答えは77ページ

第《だい》31問《もん》：解答《かいとう》

星形《ほしがた》があらわれるように塀《へい》を立《た》てる

下《した》のようにすれば, 5本《ほん》の直線《ちょくせん》の塀《へい》で16本《ぽん》すべての木《き》を分離《ぶんり》することができます。土地《とち》の面積《めんせき》はそれぞれでことなりますが, 木《き》はすべて1本《ぽん》ずつに分離《ぶんり》できています。

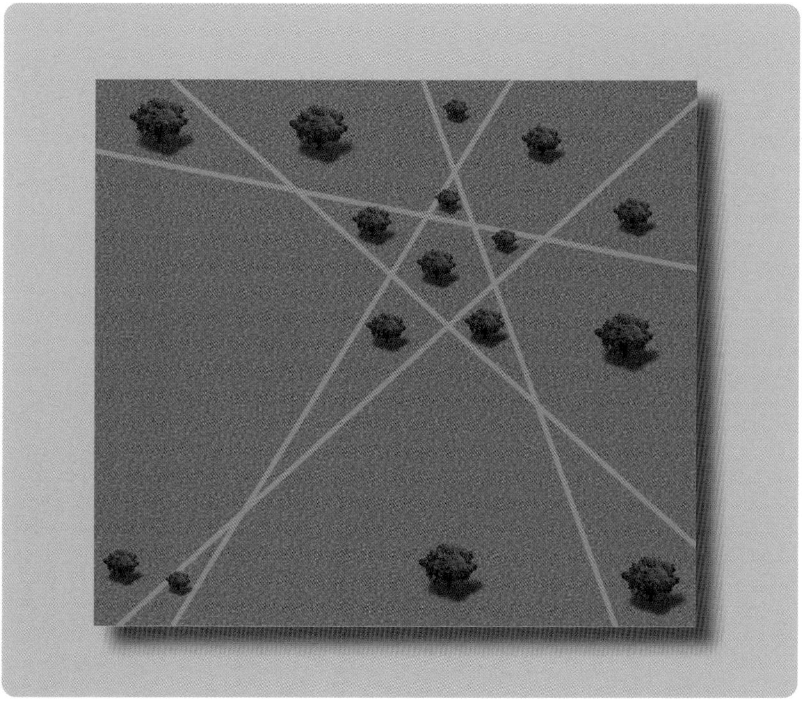

第《だい》32問《もん》:解答《かいとう》

面積《めんせき》の等《ひと》しい八《やっ》つの三角形《さんかっけい》に分《わ》ける

下《した》のようにすれば，直線《ちょくせん》の境《きょう》界線《かいせん》で面積《めんせき》も木《き》の本数《ほんすう》も同《おな》じになるように八《やっ》つに分《わ》けることができます。①と②の三角形《さんかっけい》の形《かたち》はちがいますが，面積《めんせき》は同《おな》じです。

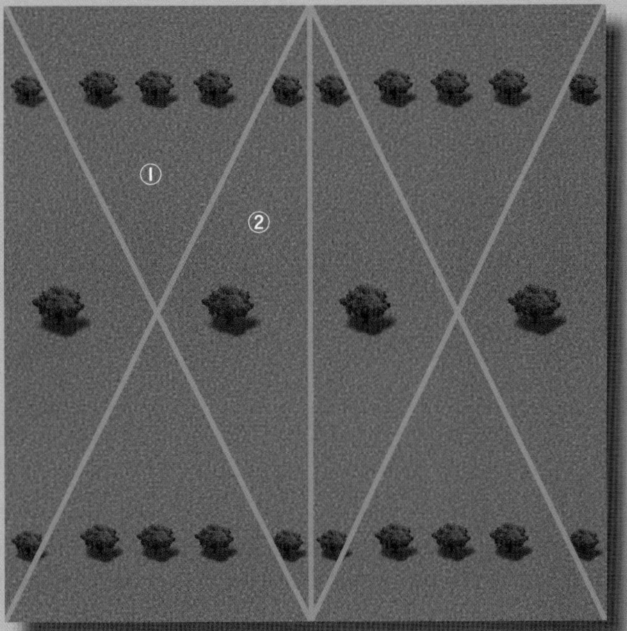

第《だい》33問《もん》

川《かわ》に水《みず》をくみに行《い》く最短《さいたん》ルートをさがせ

Aさんと B さんの家《いえ》は，ともに東西《とうざい》に流《なが》れる川《かわ》の北側《きたがわ》にあります。ある日《ひ》，AさんはBさんの家《いえ》に遊《あそ》びに行《い》きました。Aさんは，その帰《かえ》りに水《みず》をくみに川《かわ》に立《た》ち寄《よ》ることにしました。

このとき，できるだけ最短距離《さいたんきょり》で川《かわ》に寄《よ》ってAさんの家《いえ》に帰《かえ》るには，どんなルートをとればよいでしょうか？

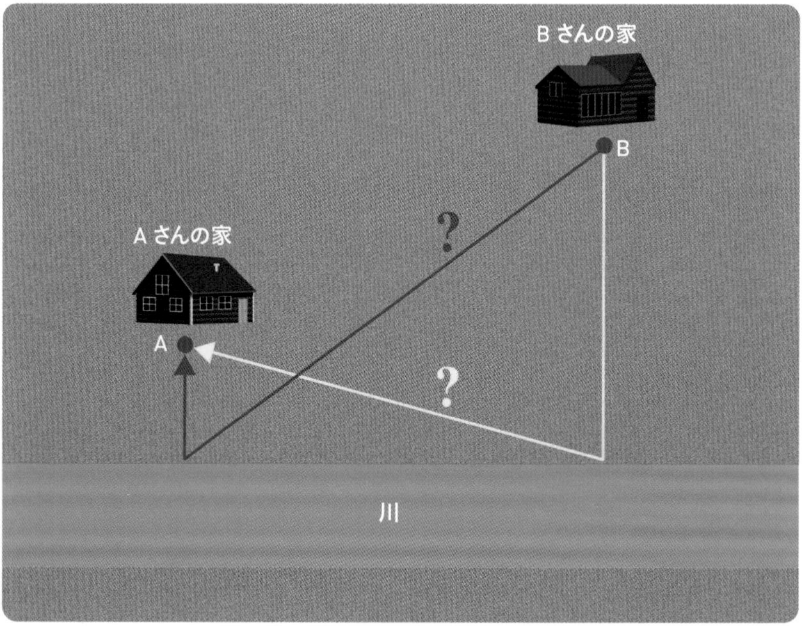

答えは 80 ページ

第《だい》34問《もん》

16個《こ》の点《てん》を一筆書《ひとふでが》きで通《とお》るには？

第《だい》8問《もん》によく似《に》た，一筆書《ひとふでが》き問《もん》題《だい》に挑戦《ちょうせん》しましょう。今度《こんど》は難易度《なんいど》が上《あ》がっています。

下《した》の図《ず》のように，16個《こ》の点《てん》が横《よこ》4列《れつ》，縦《たて》4列《れつ》に同《おな》じ間隔《かんかく》で並《なら》んでいます。一筆書《ひとふでが》きで，すべての点《てん》を通《とお》る，何回《なんかい》か折《お》れ曲《ま》がった直線《ちょくせん》をえがいてください。

たとえば，左上《ひだりうえ》の点《てん》から出発《しゅっぱつ》して渦巻《うずま》き状《じょう》にすべての点《てん》を通《とお》る場《ば》合《あい》，折《お》れ曲《ま》がりの回数《かいすう》は「6回《かい》」です。**もっと少《すく》ない回数《かいすう》ですむ線《せん》をみつけましょう。ただし，えがかれた線《せん》は上下対称《じょうげたいしょう》で，かつ左右対《さゆうたい》称《しょう》の形《かたち》にしなければならないとします。**

答えは81ページ

第《だい》33問《もん》：解答《かいとう》

川岸《かわぎし》に頂点《ちょうてん》をもつ三角形《さんかっけい》をえがいて考《かんが》える

まず，Bさんの家《いえ》（点《てん》B）から，川《かわ》に垂直《すいちょく》な直線《ちょくせん》BCを引《ひ》き，直線《ちょくせん》BCを延長《えんちょう》して，BC＝CDとなるような点《てん》Dをとります。次《つぎ》に点《てん》DとAさんの家《いえ》（点《てん》A）を直線《ちょくせん》で結《むす》び，その直線《ちょくせん》と川《かわ》の北側《きたがわ》の岸《きし》との交点《こうてん》を点《てん》Eとします。このとき，Bさんの家《いえ》からまっすぐ点《てん》Eに行《い》って水《みず》をくみ，Aさんの家《いえ》にまっすぐ帰《かえ》るルートが最短《さいたん》です。

三角形《さんかっけい》BCEと三角形《さんかっけい》DCEは，合《ごう》同《どう》（大《おお》きさと形《かたち》が同《おな》じ）なので，BE＝DEです。そのため，Aさんが進《すす》むルートの長《なが》さ（BE＋EA）は，（DE＋EA）と等《ひと》しくなります。

（DE＋EA）の長《なが》さは，点《てん》Eが直線《ちょくせん》ADの上《うえ》にあるときに最短《さいたん》になります。したがって，Bさんの家《いえ》から点《てん》Eを経由《けいゆ》してAさんの家《いえ》に帰《かえ》るルート（BE＋EA）が最短《さいたん》だとわかるのです。

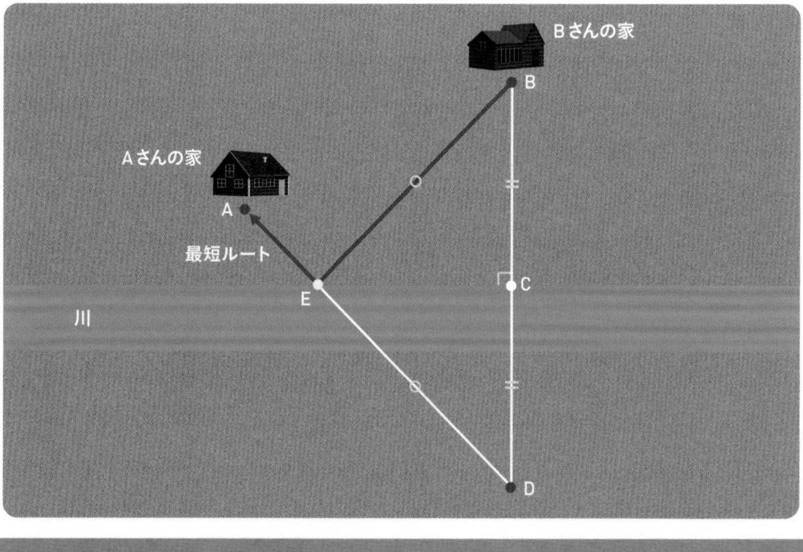

第《だい》34問《もん》：解答《かいとう》

上下《じょうげ》・左右対称《さゆうたいしょう》に線《せん》をえがけば5回《かい》ですむ

下《した》の図《ず》のような線《せん》にすれば，折《お》れ曲《ま》がりの回数《かいすう》は「5回《かい》」ですみます。

第《だい》8問《もん》と同《おな》じく，この問題《もんだい》も，点《てん》が整列《せいれつ》した領域《りょういき》の外側《そとがわ》へと直線《ちょくせん》をのばすことに気《き》がつけるかどうかがポイントです。さらに，上下対《じょうげたい》称《しょう》でかつ左右対称《さゆうたいしょう》になるように線《せん》をえがく必要《ひつよう》があるので，難易度《なんいど》が上《あ》がっています。

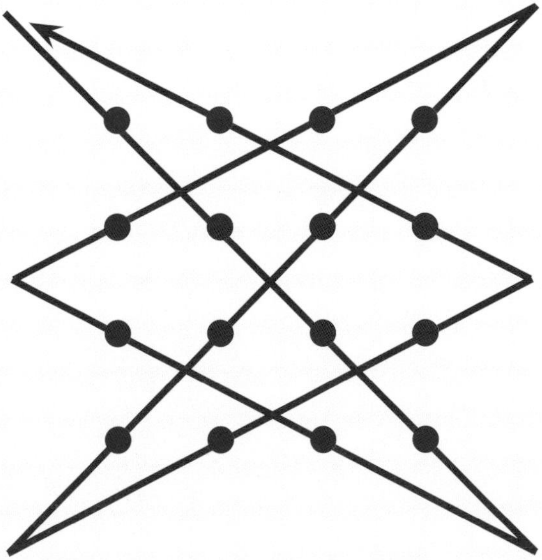

第《だい》35問《もん》

6個《こ》のサイコロの展開図《てんかいず》をさがせ！

サイコロの展開図《てんかいず》は切《き》り開《ひら》き方《かた》によって11種類《しゅるい》あります。そのうち6種類《しゅるい》を並《なら》べたのが下《した》の図《ず》です。**さて，この図《ず》から，6種類《しゅるい》の展開図《てんかいず》を切《き》りだしてみてください。**

なお，どの展開図《てんかいず》を組《く》み立《た》てても，図《ず》の右上《みぎうえ》のようなサイコロができあがります。1と2と3が見《み》えるように置《お》いたとき，1→2→3が反時計《はんとけい》まわりに並《なら》ぶように目《め》がつけられています。またサイコロは向《む》かい合《あ》った面《めん》の数《かず》を足《た》すと「7」になるようにできています。

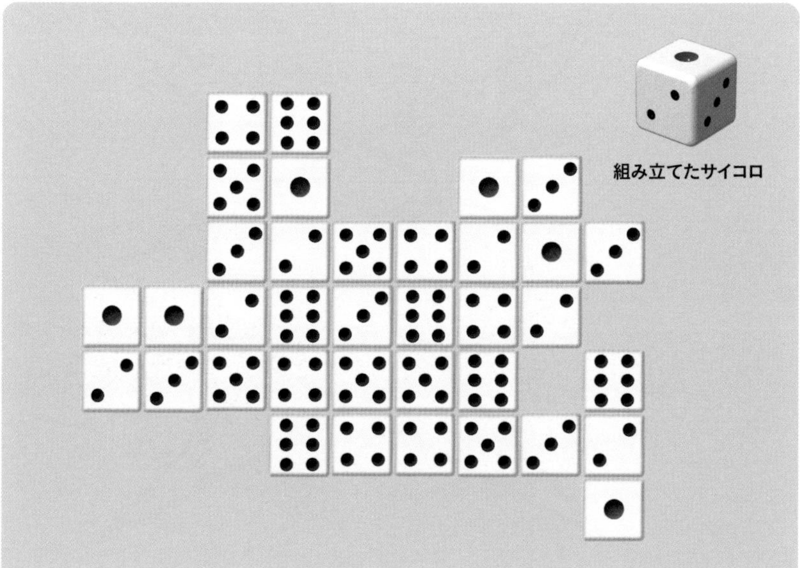

答えは84ページ

第《だい》36問《もん》

このブロックは結合可能《けつごうかのう》？ 不可能《ふかのう》？

上下二《じょうげふた》つのブロックが結合《けつごう》された，下《した》のような立方体《りっぽうたい》があります。一見《いっけん》すると，どうやっても上下《じょうげ》に外《はず》せそうにありません。

しかし，溝《みぞ》の切《き》り方《かた》によっては簡《かん》単《たん》に外《はず》すことができます。**上下《じょうげ》のブロックの溝《みぞ》がどうなっていれば，外《はず》せるでしょうか？**

＞答えは 85 ページ

第《だい》35問《もん》：解答《かいとう》

同《おな》じ目《め》に着目《ちゃくもく》すると分《わ》けやすい

6種類《しゅるい》の展開図《てんかいず》は，下《した》の図《ず》のように切《き》りだすことができます。当然《とうぜん》ですが，一《ひと》つのサイコロの展開図《てんかいず》には，必《かなら》ず1～6の目《め》が含《ふく》まれ，同《おな》じ目《め》が二《ふた》つ以上《いじょう》含まれることはありません。この基本的《きほんてき》な規則《きそく》を頭《あたま》に置《お》いて，同《おな》じ目《め》に着目《ちゃくもく》して展開図《てんかいず》を分《わ》けていけばよいわけです。

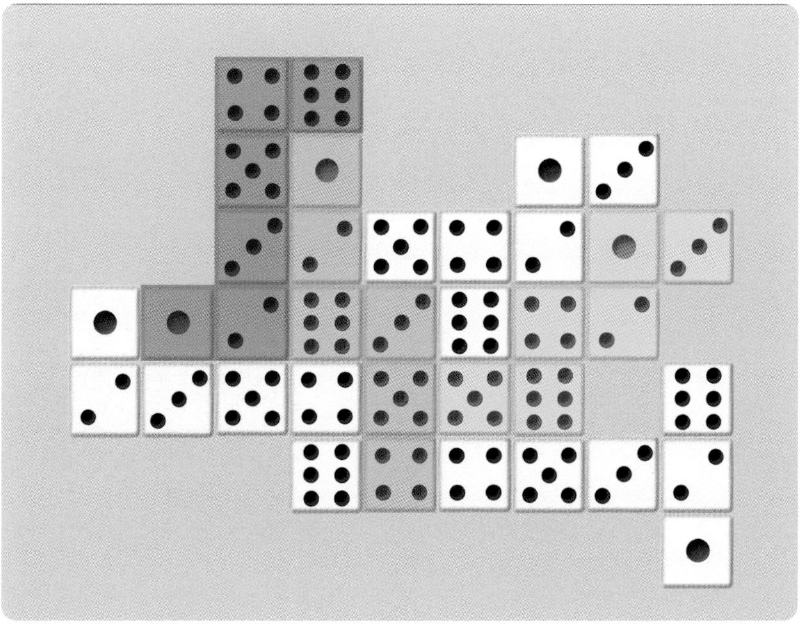

第《だい》36問《もん》：解答《かいとう》

スライドできるように溝《みぞ》を切《き》ってあればよい

ブロックの溝《みぞ》が下《した》の図《ず》のように切《き》ってあれば，上下《じょうげ》のブロックをスライドさせることで外《はず》すことが可能《かのう》です。図《ず》1と図《ず》2は別角度《べつかくど》からみた図《ず》です。わかってしまえば意外《いがい》に単純《たんじゅん》です。

図1

図2

第《だい》37問《もん》

球体《きゅうたい》を詰《つ》めた箱《はこ》。すき間《ま》が大《おお》きい順《じゅん》に並《なら》べよ

1辺《ぺん》が1メートルの立方体《りっぽうたい》の容《よう》器《き》の中《なか》に，金属《きんぞく》でできた球《きゅう》をぴったりおさまるように入《い》れます。下《した》の図《ず》のように，1個《こ》の球《きゅう》を入《い》れる場合《ばあい》，8個《こ》の球《きゅう》を入《い》れる場合《ばあい》，64個《こ》の球《きゅう》を入《い》れる場合《ばあい》，半径《はんけい》が1メートルの球《きゅう》の8分《ぶん》の1を入《い》れる場《ば》合《あい》の4パターンを考《かんが》えます。**このとき，どの順《じゅん》に金属《きんぞく》と容器《ようき》とのすき間《ま》が大《おお》きくなるでしょうか？**

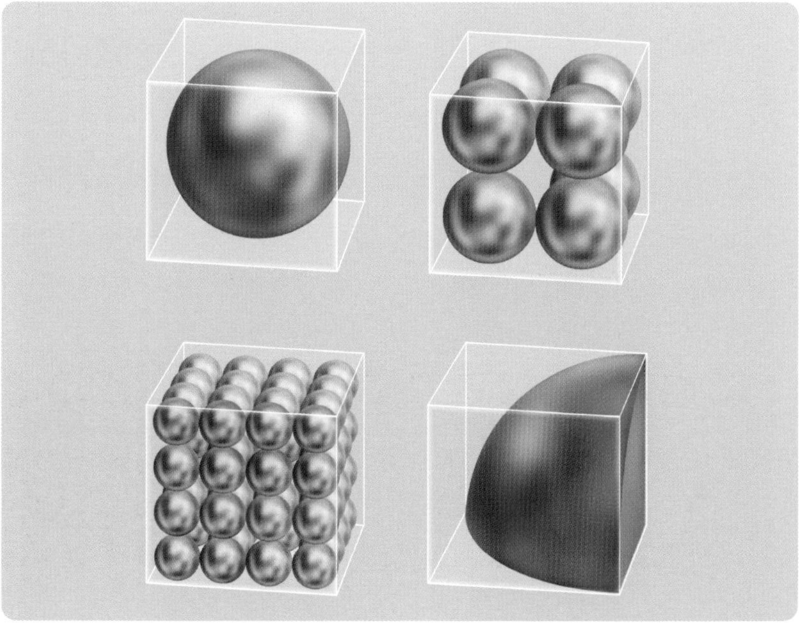

＞答えは 87 ページ

第《だい》37問《もん》：解答《かいとう》

すき間《ま》の体積《たいせき》は すべて等《ひと》しい

意《い》外《がい》かもしれませんが，球《きゅう》と容器《ようき》のすき間《ま》の体積《たいせき》はどれも等《ひと》しくなります。

球《きゅう》の体積《たいせき》は，$\frac{4}{3}\pi r^3$で求《もと》められる（πは円周率《えんしゅうりつ》，rは半径《はんけい》）。1個《こ》の球《きゅう》を入《い》れた場合《ばあい》，半径《はんけい》は50センチメートルなので，

球《きゅう》の体積《たいせき》$=\frac{4}{3}\times\pi\times 50\times 50\times 50$
$=\frac{4}{3}\pi\times 125000$ ……①

同様《どうよう》にして，8個《こ》の球《きゅう》を入《い》れた場合《ばあい》，半径《はんけい》は25センチメートルなので，

球《きゅう》の体積《たいせき》$=\frac{4}{3}\times\pi\times 25\times 25\times 25\times 8$
$=\frac{4}{3}\pi\times 125000$ ……②

64個《こ》の球《きゅう》を入《い》れた場合《ばあい》，半径《はんけい》は12.5センチメートルなので，

球《きゅう》の体積《たいせき》$=\frac{4}{3}\times\pi\times 12.5\times 12.5\times 12.5\times 64$
$=\frac{4}{3}\pi\times 125000$ ……③

$\frac{1}{8}$個《こ》の球《きゅう》を入《い》れた場合《ばあい》，半径《はんけい》は100センチメートルなので，

球《きゅう》の体積《たいせき》$=\frac{4}{3}\times\pi\times 100\times 100\times 100\times\frac{1}{8}$
$=\frac{4}{3}\pi\times 125000$ ……④

①，②，③，④より，球《きゅう》の体積《たいせき》はすべて等《ひと》しいとわかります。そして，容器《ようき》の体積《たいせき》はすべて同《おな》じなので，球《きゅう》と容器《ようき》のすき間《ま》もすべて等《ひと》しくなるのです。

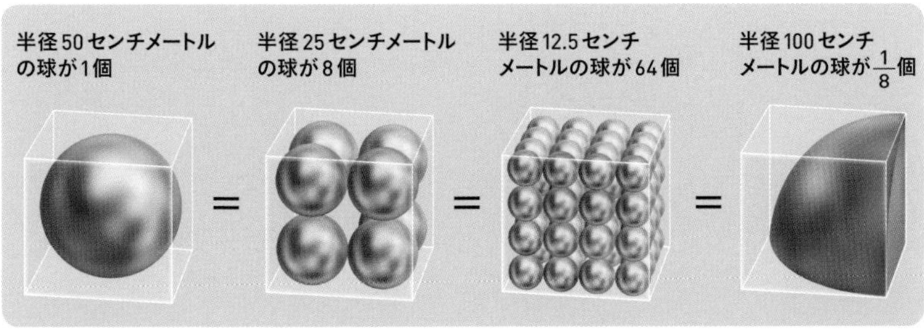

4

じっくり腕試《うでだめ》し 計算《けいさん》のパズル【中級編《ちゅうきゅうへん》】

次《つぎ》は,「計算《けいさん》パズル」の中級編《ちゅうきゅうへん》に挑戦《ちょうせん》していきましょう。砂時計《すなどけい》を使《つか》った変則的《へんそくてき》な時《じ》間《かん》の計測法《けいそくほう》や, 年齢《ねんれい》を当《あ》てるといったものです。鉛筆《えんぴつ》とメモ用紙《ようし》があると理解《りかい》が早《はや》いかもしれません。根気強《こんきづよ》く取《と》り組《く》んでみましょう。

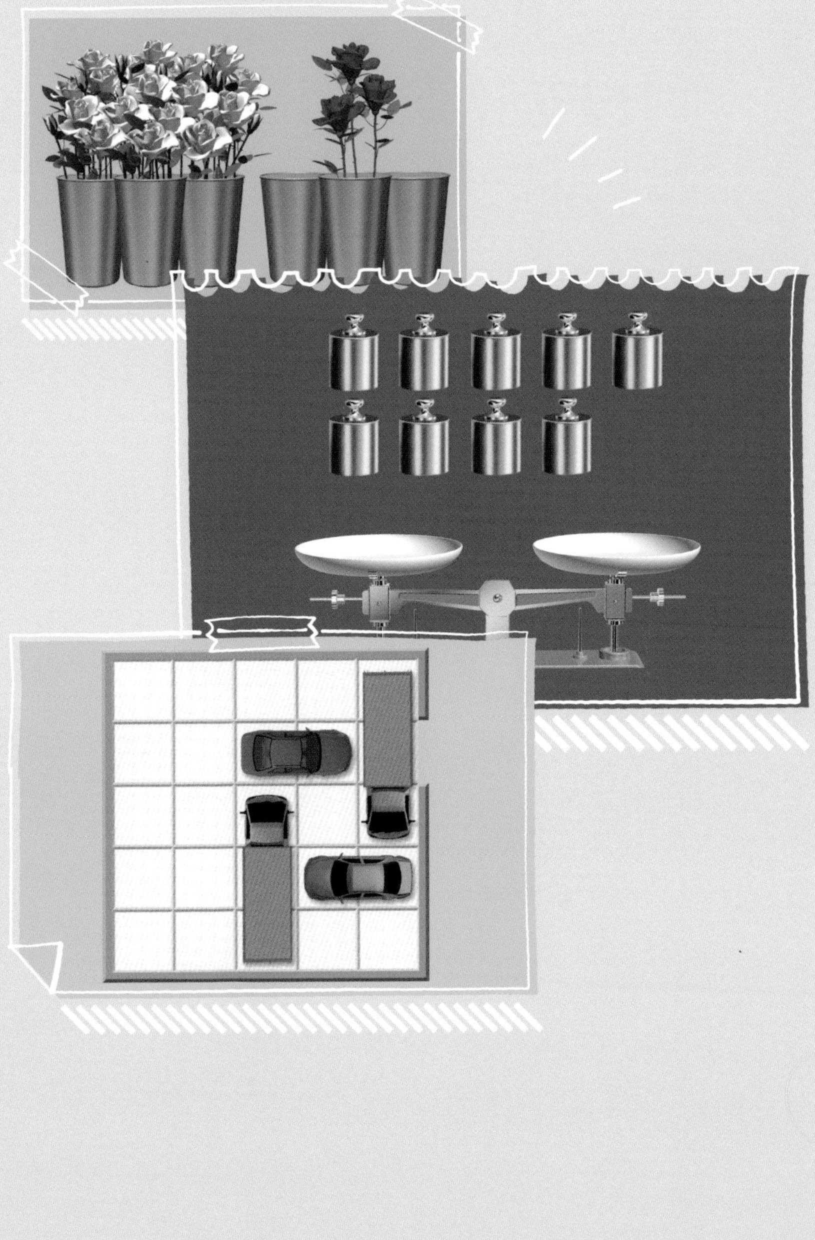

第《だい》38問《もん》

5分《ふん》と8分《ぷん》の砂時計《すなどけい》で11分《ぷん》をはかろう

ここに5分《ふん》と8分《ぷん》をはかることができる2種類《しゅるい》の砂時計《すなどけい》があります。**この二《ふた》つの砂時計《すなどけい》を使《つか》って，11分《ぷん》をはかるには，どうすればよいでしょうか？**

なお，二《ふた》つの砂時計《すなどけい》の砂《すな》はどちらも，はじめは下側《したがわ》に落《お》ちた状態《じょうたい》であるものとします。また，砂時《すなど》計《けい》をひっくり返《かえ》すときのタイムロスは考《かんが》えません。

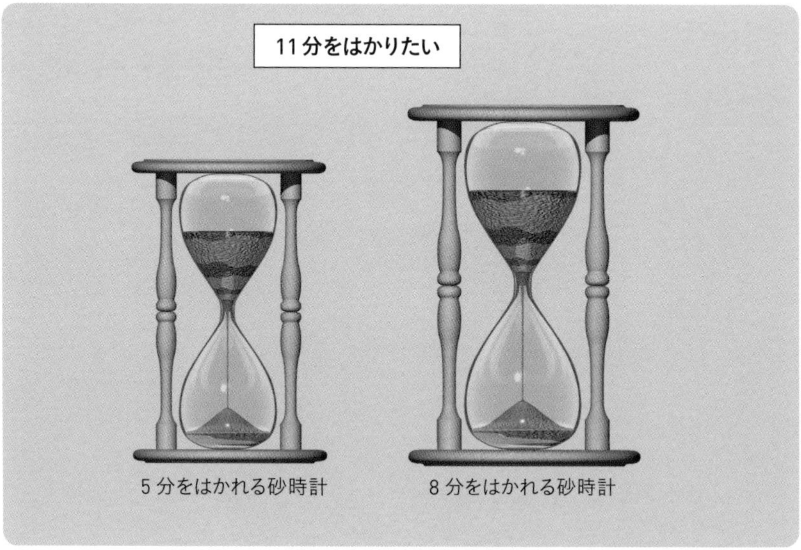

答えは92ページ

第《だい》39問《もん》

4分《ぷん》と7分《ふん》の砂時計《すなどけい》で9分《ふん》をはかろう

砂時計《すなどけい》の問題《もんだい》をつづけてもう1問解《もんと》きましょう。

下《した》のイラストのような4分《ぷん》をはかれる砂時計《すなどけい》と，7分《ふん》をはかれる砂時計《すなどけい》があります。**これら二《ふた》つの砂時計《すなどけい》を使《つか》って9分《ふん》をはかろうとしています。どのようにすればよいでしょうか？**

なお，二《ふた》つの砂時計《すなどけい》の砂《すな》はどちらも，はじめは下側《したがわ》に落《お》ちた状態《じょうたい》であるものとします。また，砂時《すなど》計《けい》をひっくり返《かえ》すときのタイムロスは考《かんが》えません。

9分をはかりたい

4分をはかれる砂時計　　7分をはかれる砂時計

➤答えは93ページ

第《だい》38問《もん》：解答《かいとう》

5分後《ふんご》と8分後《ぷんご》に5分《ふん》の砂時計《すなどけい》をひっくり返《かえ》す

最《さい》初《しょ》に二《ふた》つの砂時計《すなどけい》を同時《どうじ》にひっくり返《かえ》します。そして5分後《ふんご》に，5分《ふん》の砂時計《すなどけい》をひっくり返《かえ》します。さらにその後《ご》，8分《ぷん》の砂時計《すなどけい》の砂《すな》がすべて落《お》ちたら（開《かい》始《し》から8分後《ぷんご》），5分《ふん》の砂時計《すなどけい》を上《うえ》側に砂《すな》が残《のこ》ったままひっくり返《かえ》します。このとき5分《ふん》の砂時計《すなどけい》は，前《ぜん》回《かい》ひっくり返《かえ》したときから3分《ぷん》が経過《けいか》しているため，3分後《ぷんご》にすべての砂《すな》が落《お》ちることになります。したがって，次《つぎ》に5分《ふん》の砂時計《すなどけい》の砂《すな》がすべて落《お》ちたときが，8＋3で開始《かいし》から11分《ぷん》になります。

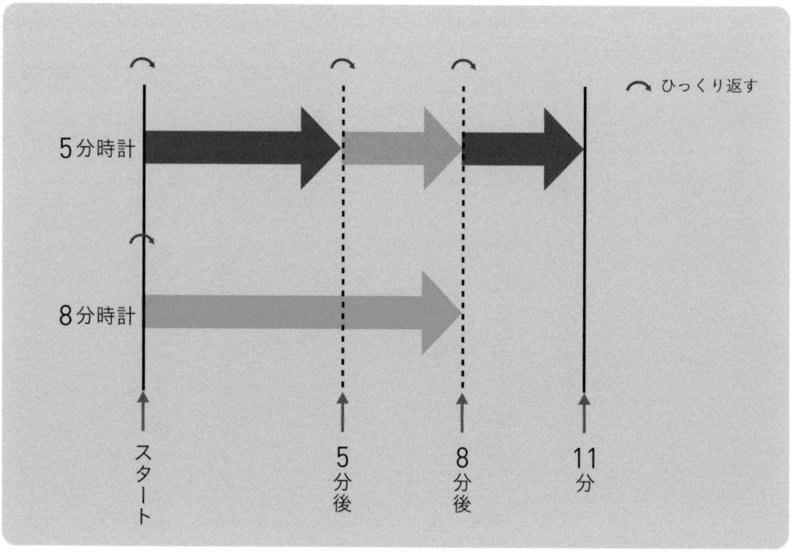

第《だい》39問《もん》：解答《かいとう》

4分時計《ぶんどけい》を2回《かい》，7分時計《ふんどけい》を3回動《かいうご》かして9分《ふん》にする

二《ふた》つの砂時計《すなどけい》を同時《どうじ》にひっくり返《かえ》したら，4分後《ぶんご》に4分《ぶん》の砂時計《すなどけい》をひっくり返《かえ》します。その3分後《ぶんご》（開始《かいし》から7分後《ふんご》）に7分《ふん》の砂時計《すなどけい》をひっくり返《かえ》します。その1分後《ぶんご》（開始《かいし》から8分経過《ぶんけいか》）に4分《ぶん》の砂時計《すなどけい》の砂《すな》が落《お》ちたら，再度《さいど》7分《ふん》の砂時計《すなどけい》をひっくり返《かえ》します。そのとき7分《ふん》の砂時計《すなどけい》は，前回《ぜんかい》ひっくり返《かえ》したときから1分《ぷん》が経過《けいか》しているため，砂《すな》は1分後《ぷんご》にすべて落《お》ちることになります。よって，次《つぎ》に7分《ふん》をはかれる砂時計《すなどけい》の砂《すな》がすべて落《お》ちたときが開始《かいし》から9分《ふん》です。

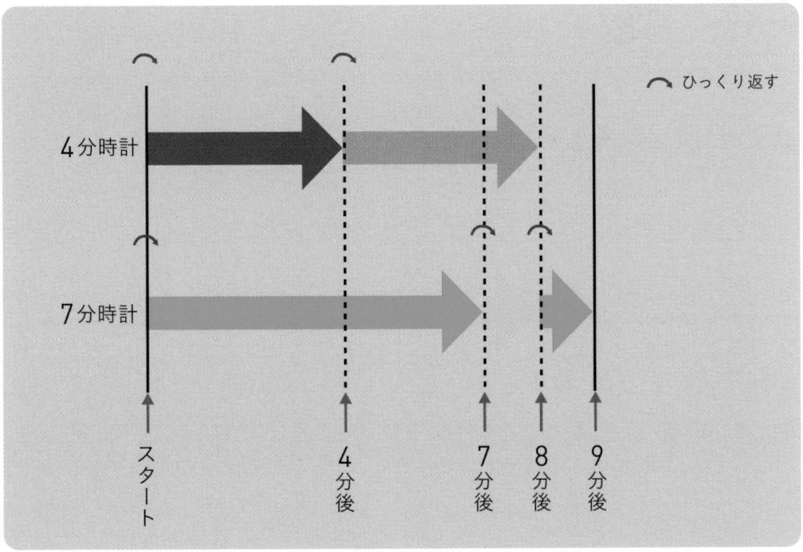

第《だい》40問《もん》

ディオファントスは何年《なんねん》生《い》きた？

下《した》は，古代《こだい》ギリシャの数学者《すうがくしゃ》ディオファントスの墓《はか》に刻《きざ》まれていた墓碑銘《ぼひめい》です（実際《じっさい》に存《そん》在《ざい》するわけではありません）。**この文章《ぶんしょう》から，彼《かれ》が何歳《なんさい》まで生《い》きたとわかるでしょうか？**

この問題《もんだい》は，ディオファントスの死《し》から数百年後《すうひゃくねんご》に出版《しゅっぱん》された『Greek Anthology《グリーク アンソロジー》』という書物《しょもつ》に掲載《けいさい》されています。

実際《じっさい》に彼《かれ》の人生《じんせい》がこのとおりであったかどうかはわかっていませんが，この問題《もんだい》は古《ふる》くから知《し》られ，最初《さいしょ》に紹介《しょうかい》されたのは5世紀《せいき》にさかのぼります。

ディオファントス

彼《かれ》は人生《じんせい》の6分《ぶん》の1を子供《こども》として過《す》ごした。
さらに12分《ぶん》の1がたったとき，ひげが生《は》えた。
さらに7分《ぶん》の1がすぎたころに結婚《けっこん》した。
結婚《けっこん》から5年後《ねんご》に息子《むすこ》が誕生《たんじょう》した。
息子《むすこ》は父親《ちちおや》の人生《じんせい》の半分《はんぶん》までしか生《い》きられなかった。
息子《むすこ》の死《し》の4年後《ねんご》，ディオファントスはこの世《よ》を去《さ》った。

＞答えは96ページ

第《だい》41問《もん》

二《ふた》つのヒントから父《ちち》と息子《むすこ》の年齢《ねんれい》を当《あ》てよう

父《ちち》の年齢《ねんれい》は，息子《むすこ》の年齢《ねんれい》の4倍《ばい》です。22年後《ねんご》には，父《ちち》が息子《むすこ》のちょうど2倍《ばい》の年齢《ねんれい》になります。現在《げんざい》の父《ちち》と息子《むすこ》の年齢《ねんれい》はいくつでしょうか？

　二人《ふたり》の年齢《ねんれい》をみちびきだすヒントを二《ふた》つ示《しめ》しました。**このヒントから父《ちち》と息子《むすこ》の年齢《ねんれい》を当《あ》ててみましょう。**

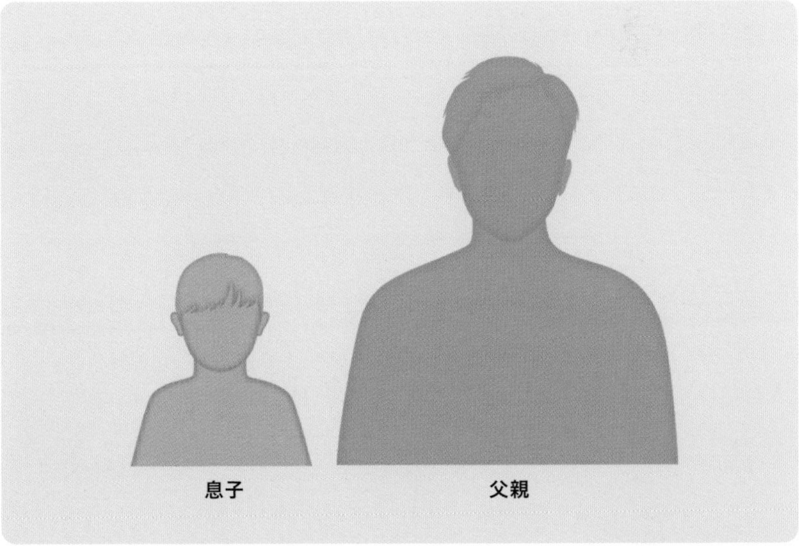

答えは 97 ページ

第《だい》40問《もん》：解答《かいとう》

ディオファントスは84歳《さい》まで生《い》きた

ディオファントスの生《い》きた年《ねん》数《すう》をxとおきます。すると下《した》の図《ず》より，
$x=\frac{1}{6}x+\frac{1}{12}x+\frac{1}{7}x+5+\frac{1}{2}x+4$
という式《しき》がなりたちます。

この式《しき》を解《と》くと，$x=84$となります。つまりディオファントスは84歳《さい》まで生《い》きたことになります。

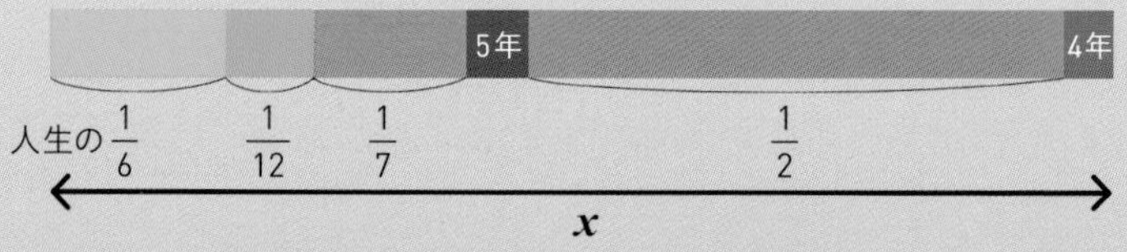

ディオファントスの生きた年数＝ x とおきます。

上の図から，下の式がなりたちます。

$$x=\frac{1}{6}x+\frac{1}{12}x+\frac{1}{7}x+5+\frac{1}{2}x+4$$

この式を解くと，$x=84$となります。

それぞれの期間の年数は，以下のとおりです。

第《だい》41問《もん》：解答《かいとう》

父《ちち》は44歳《さい》，息子《むすこ》は11歳《さい》

父《ちち》の年齢《ねんれい》をF，息子《むすこ》の年齢《ねんれい》をSとします。

すると，父《ちち》の年齢《ねんれい》は息子《むすこ》の年齢《ねんれい》の4倍《ばい》なので，

$F = 4S$ ……①

と書《か》けます。また，22年後《ねんご》に父《ちち》が息子《むすこ》のちょうど2倍《ばい》の年齢《ねんれい》になるので，

$F + 22 = 2(S + 22)$ ……②

と書《か》けます。

式《しき》②のFに式《しき》①を代入《だいにゅう》すると，

$S = 11$

となり，息子《むすこ》は11歳《さい》であるとわかります。

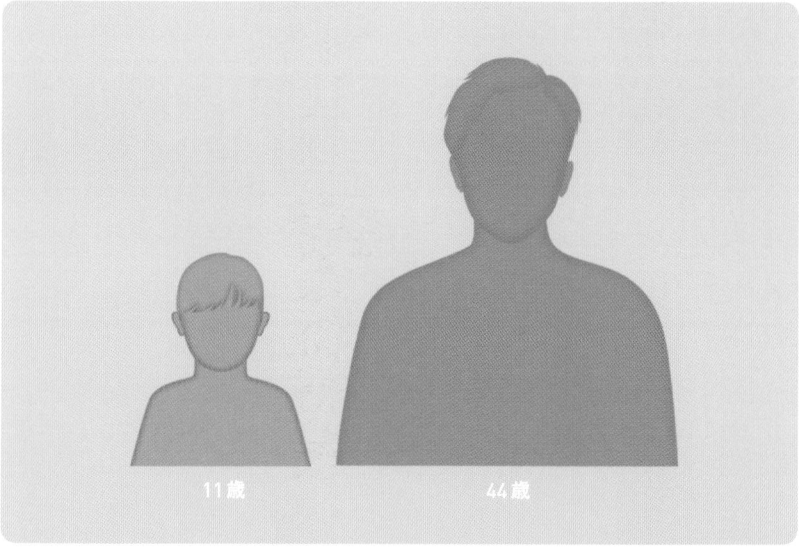

第《だい》42問《もん》

三《みっ》つのヒントから母《はは》の年齢《ねんれい》を当《あ》てよう

次《つぎ》の三《みっ》つのヒントから母《はは》の年《ねん》齢《れい》を当《あ》ててみましょう。

親子《おやこ》3人《にん》の年齢《ねんれい》を合《あ》わせるとちょうど70歳《さい》になります。今《いま》の父《ちち》の年齢《ねんれい》は，今《いま》の子供《こども》の年齢《ねんれい》のちょうど6倍《ばい》です。父《ちち》の年齢《ねんれい》が子供《こども》の年《ねん》齢《れい》の2倍《ばい》になるとき，親子《おやこ》3人《にん》の年齢《ねんれい》の合計《ごうけい》は今《いま》の合計《ごうけい》の2倍《ばい》になります。

では，今《いま》の母《はは》の年齢《ねんれい》はいくつでしょうか？ ヒントは，年齢《ねんれい》＝ぴったりの数《かず》という思《おも》いこみをなくすことです。

この問題は，アメリカのパズル作家サム・ロイド（1841～1911）の「母親の年齢」というパズルをもとに作成しました。

答えは100ページ

第《だい》43問《もん》

最初《さいしょ》に何本《なんぼん》のバラがあったか?

花屋《はなや》に5人《にん》の客《きゃく》がやってきました。

一人目《ひとりめ》の客《きゃく》は，店《みせ》にあったすべてのバラの半分《はんぶん》と2本《ほん》を買《か》っていきました。二人目《ふたりめ》の客《きゃく》は，残《のこ》りのバラの半分《はんぶん》と2本《ほん》を買《か》っていきました。3人目《にんめ》の客《きゃく》も，残《のこ》りのバラの半分《はんぶん》と2本《ほん》を買《か》っていきました。

4人目《にんめ》の客《きゃく》も，残《のこ》りのバラの半《はん》分《ぶん》と2本《ほん》を買《か》っていきました。5人目《にんめ》の客《きゃく》が店《みせ》にやってきたとき，バラは全部《ぜんぶ》なくなっていました。

さて，バラはもともと何本《なんぼん》あったのでしょうか?

答えは101ページ

第《だい》42問《もん》：解答《かいとう》

母《はは》の年齢《ねんれい》は29歳《さい》2か月《げつ》

父《ちち》の年齢《ねんれい》をF，母《はは》の年齢《ねんれい》をM，子《こ》供《ども》の年齢《ねんれい》をCとします。
「親子《おやこ》3人《にん》の年齢《ねんれい》を合《あ》わせるとちょうど70歳《さい》」だから，

F＋M＋C＝70 …… ①

「今《いま》の父親《ちちおや》の年齢《ねんれい》は，今《いま》の子供《こども》の年《ねん》齢《れい》のちょうど6倍《ばい》である」から，

F＝6C …… ②

「父親《ちちおや》の年齢《ねんれい》が子供《こども》の年齢《ねんれい》の2倍《ばい》になる」までにかかる年数《ねんすう》をaとおくと，

F＋a＝2(C＋a) …… ③

「父親《ちちおや》の年齢《ねんれい》が子供《こども》の年齢《ねんれい》の2倍《ばい》になるとき，親子《おやこ》3人《にん》の年齢《ねんれい》の合計《ごうけい》は今《いま》の合計《ごうけい》の2倍《ばい》になる」から，

(F＋a)＋(M＋a)＋(C＋a)＝140 …… ④

式《しき》①と④から，$a=\frac{70}{3}$

この値《あたい》を式《しき》③に代入《だいにゅう》すると，次《つぎ》の式《しき》が得《え》られます。

$F=2C+\frac{70}{3}$ …… ⑤

式《しき》②と⑤より，

$C=\frac{70}{12}=5\frac{10}{12}$ また，$F=\frac{420}{12}=35$

つまり今《いま》の子供《こども》の年齢《ねんれい》は5歳《さい》と10か月《げつ》，父親《ちちおや》の年齢《ねんれい》は35歳《さい》だとわかります。

式《しき》①に父親《ちちおや》と子供《こども》の年齢《ねんれい》を代入《だいにゅう》すると，$M=\frac{350}{12}=29\frac{2}{12}$

すなわち母親《ははおや》の年齢《ねんれい》は，29歳《さい》と2か月《げつ》だとわかります。

第《だい》43問《もん》：解答《かいとう》

60本《ぽん》のバラがあった

時《じ》間《かん》をさかのぼって計算《けいさん》しましょう。4人《にん》目《め》の客《きゃく》が来《き》たときにあったバラの本数《ほんすう》をAとします。すると，A＝$\frac{1}{2}$A＋2…①で，計《けい》算《さん》するとA＝4です。つまり，4人目《にんめ》の客《きゃく》が来《き》たときには4本《ほん》のバラがあったことになります。4本《ほん》のバラのうち半分《はんぶん》の2本《ほん》を買《か》って，さらに2本買《ほんか》うと，残《のこ》りはゼロです。これは，5人目《にんめ》の客《きゃく》が来《き》たときにバラが残《のこ》っていなかったことと合致《がっち》します。

次《つぎ》に，3人目《にんめ》の客《きゃく》が来《き》たときにあったバラの本数《ほんすう》をBとします。全体《ぜんたい》の半分《はんぶん》と2本《ほん》を買《か》って，4本残《ほんのこ》ったのですから，B＝$\frac{1}{2}$B＋2＋4…②となり，計算《けいさん》するとB＝12。つまり，3人目《にんめ》の客《きゃく》が来《き》たときには12本《ほん》のバラがあったことになります。次《つぎ》に，二人目《ふたりめ》の客《きゃく》が来《き》たときにあったバラの本数《ほんすう》をCとします。全体《ぜんたい》の半分《はんぶん》と2本《ほん》を買《か》って，12本残《ほんのこ》ったのですから，C＝$\frac{1}{2}$C＋2＋12…③となり，計算《けいさん》するとC＝28。つまり，二人目《ふたりめ》の客《きゃく》が来《き》たときには28本《ぼん》のバラがあったことになります。

最後《さいご》に，一人目《ひとりめ》の客《きゃく》が来《き》たときにあったバラの本数《ほんすう》をDとします。全体《ぜんたい》の半分《はんぶん》と2本《ほん》を買《か》って，28本残《ぼんのこ》ったのですから，D＝$\frac{1}{2}$D＋2＋28…④となり，計算《けいさん》するとD＝60。つまり，一人目《ひとりめ》の客《きゃく》が来《き》たときには60本《ぼん》のバラがあったことになります。

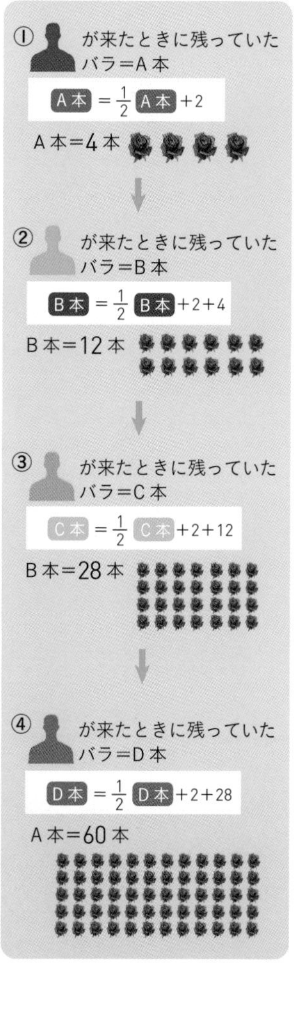

第《だい》44問《もん》

売《う》れ残《のこ》ったバラの本数《ほんすう》は何本《なんぼん》？

パズル好《ず》きの花屋《はなや》の夫妻《ふさい》がいました。妻《つま》が売《う》れ残《のこ》っている白《しろ》いバラの本数《ほんすう》を夫《おっと》に聞《き》いたところ，「売《う》れ残《のこ》っている白《しろ》いバラの$\frac{1}{3}$と$\frac{1}{4}$を足《た》すと，売《う》れ残《のこ》っている白《しろ》いバラの$\frac{1}{2}$よりも9本多《ほんおお》い」と答《こた》えました。**さて，売《う》れ残《のこ》っている白《しろ》いバラは何本《なんぼん》でしょう？**

また，赤《あか》いバラが3本売《ほんう》れ残《のこ》りました。妻《つま》が同様《どうよう》に最初《さいしょ》にあった赤《あか》いバラの本数《ほんすう》を夫《おっと》にたずねたところ，「最初《さいしょ》の1時間《じかん》で全体《ぜんたい》の$\frac{1}{4}$が売《う》れた。次《つぎ》の1時間《じかん》で残《のこ》りの$\frac{2}{5}$を，その次《つぎ》の1時間《じかん》で残《のこ》りの$\frac{2}{3}$を売《う》った。最後《さいご》の1時間《じかん》で残《のこ》りの$\frac{4}{5}$を売《う》った」そうです。**最初《さいしょ》にあった赤《あか》いバラの本数《ほんすう》は何本《なんぼん》でしょう？**

答えは 104 ページ

第《だい》45問《もん》

少《すく》ない目《め》盛《も》りで万能《ばんのう》ものさしをつくるには？

目《め》盛《も》りの数《かず》は少《すく》ないが，ある範囲内《はんいない》なら1センチメートル間隔《かんかく》ですべての長《なが》さを計測《けいそく》できる万能《ばんのう》ものさしの問題《もんだい》です。

たとえば，6センチメートルの棒《ぼう》では，目《め》盛《も》りを2か所《しょ》つけただけで，1センチメートルから6センチメートルまでどの長《なが》さも1センチメートル間隔《かんかく》ではかることができます。

では，17センチメートルの棒《ぼう》に目《め》盛《も》りを5個《こ》だけつけて，1から17センチメートルまでのどの長《なが》さもはかることのできるものさしをつくるには，どのように目《め》盛《も》りをつければよいでしょうか？

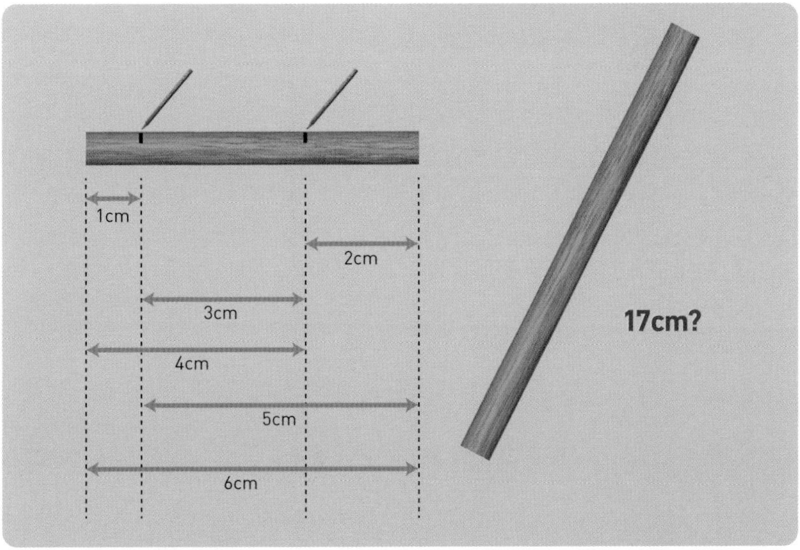

答えは105ページ

第《だい》44問《もん》:解答《かいとう》

白《しろ》いバラは108本《ほん》,赤《あか》いバラは100本《ぽん》

白《しろ》いバラの本数《ほんすう》をAとおくと,$\frac{1}{3}$A＋$\frac{1}{4}$A＝$\frac{1}{2}$A＋9となります。この式《しき》を解《と》くと,A＝108です。つまり白《しろ》いバラは108本《ほん》となります。

赤《あか》いバラについては，最後《さいご》の1時間《じかん》(4時間目《じかんめ》)から順《じゅん》に時間《じかん》をさかのぼって考《かんが》えていきましょう。まず，4時間目《じかんめ》のはじめにあった赤《あか》いバラの本数《ほんすう》をA本《ほん》とします。この1時間《じかん》でAの$\frac{4}{5}$が売《う》れて，最《さい》後《ご》まで残《のこ》っていたのは3本《ぼん》です(右《みぎ》の図《ず》①)。これを解《と》くと，A＝15。同様《どうよう》の計算《けいさん》をくりかえすと,3時間目《じかんめ》のはじめにあったバラの本《ほん》数《すう》はB＝45となります(右《みぎ》の図《ず》②)。

同様《どうよう》に2時間目《じかんめ》のはじめはC＝75です(右《みぎ》の図《ず》③)。最後《さいご》に，1時《じ》間目《かんめ》のはじめにあったバラの本数《ほんすう》をD本《ほん》とすると，全体《ぜんたい》の$\frac{1}{4}$が売《う》れて75本残《ほんのこ》るので，D＝100となります。よって最初《さいしょ》にあった赤《あか》いバラは100本《ぼん》です(右《みぎ》の図《ず》④)。

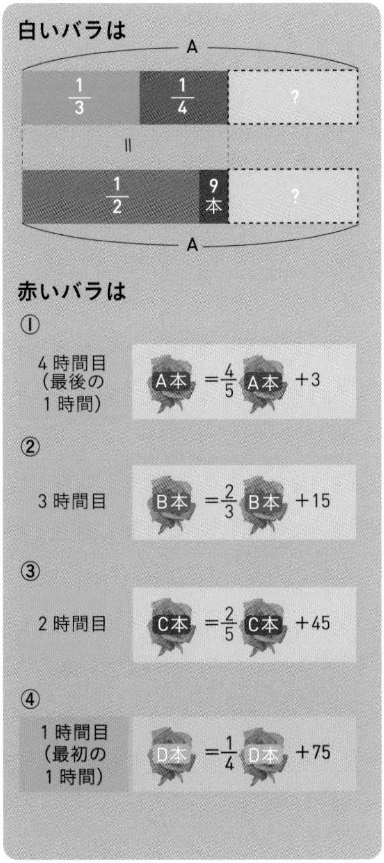

第《だい》45問《もん》：解答《かいとう》

1，1，4，4，4と目《め》盛《も》りをつければよい

たとえば，16センチメートルをはかるには，棒《ぼう》の端《はし》から1センチメートルの位置《いち》に目《め》盛《も》りが必《かなら》ずなくてはいけないとわかります。このようにして，どのように目《め》盛《も》りをつければよいかをさぐっていきます。

すると，下《した》の図《ず》のように「1，1，4，4，4」と目《め》盛《も》りをつければ，1センチメートルから17センチメートルまで，すべての長《なが》さを1センチメートルきざみではかることができるとわかります。

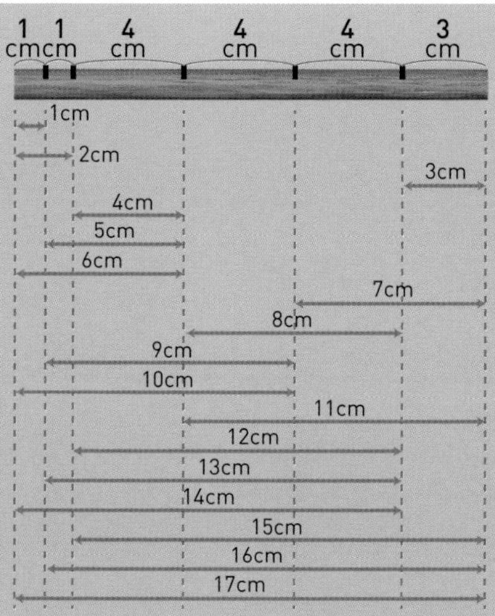

第《だい》46問《もん》

9個《こ》のおもりの中《なか》の1個《こ》の不良品《ふりょうひん》をさがそう

同《おな》じ重《おも》さのおもりを9個《こ》（A, B, C, D, E, F, G, H, I）購入《こうにゅう》したところ，業者《ぎょうしゃ》から，ほかよりも少《すこ》しだけ重《おも》い不良品《ふりょうひん》が1個《こ》まじってしまったと連絡《れんらく》がありました。業者《ぎょうしゃ》は不良品《ふりょうひん》だけ着払《ちゃくばら》いで送《おく》り返《かえ》してほしいといってきました。しかし，不良品《ふりょうひん》は見《み》た目《め》ではまったく判断《はんだん》できません。

さて，てんびんで2回《かい》だけ重《おも》さをはかって，1個《こ》の不良品《ふりょうひん》をみつける方法《ほうほう》を考《かんが》えてみましょう。ただし，てんびんは両側《りょうがわ》のどちらかが重《おも》いか，あるいは両側《りょうがわ》の重《おも》さが等《ひと》しいかを調《しら》べることだけしかできません。

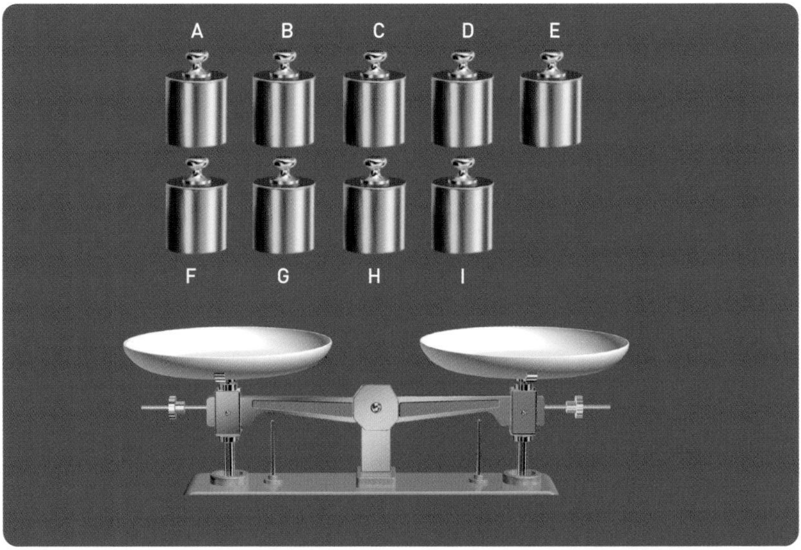

＞答えは108ページ

第《だい》47問《もん》

車《くるま》を6回《かい》移動《いどう》させて赤《あか》い車《くるま》を外《そと》に出《だ》すには

駐車場《ちゅうしゃじょう》に，外《そと》へ出《だ》したい赤《あか》い車《くるま》(X)があります。ところが，出口《でぐち》をほかの車《くるま》がふさいでいて，その車《くるま》をどかすにはまた別《べつ》の車《くるま》を動《うご》かさないと外《そと》に出《だ》せない……。そんな設定《せってい》のパズルが「ラッシュアワー」です。

それぞれの車《くるま》は，前後方向《ぜんごほうこう》には移動《いどう》できますが，左右《さゆう》には移動《いどう》できません。**動《うご》かせる車《くるま》から順番《じゅんばん》に動《うご》かして，赤《あか》い車《くるま》Xを出口《でぐち》から脱《だっ》出《しゅつ》させてみましょう。**

最小回数《さいしょうかいすう》は6回《かい》です。最小回数《さいしょうかいすう》で赤《あか》い車《くるま》を出口《でぐち》から出《だ》してみましょう。

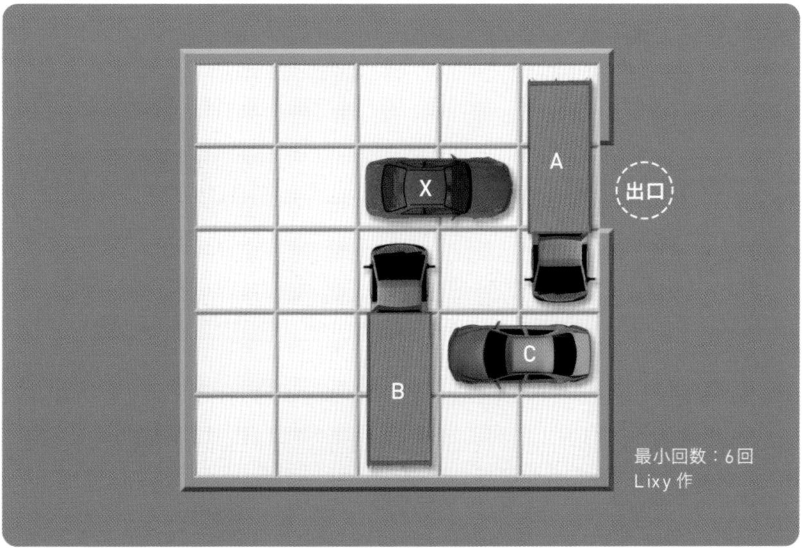

答えは109ページ

第《だい》46問《もん》：解答《かいとう》

グループ分《わ》けして，不良品《ふりょうひん》をしぼりこむ

まずABCを左《ひだり》に，DEFを右《みぎ》にのせます。どちらか一方《いっぽう》が下《さ》がれば，下《さ》がったほうの三《みっ》つの中《なか》に不良品《ふりょうひん》（ほかより重《おも》いおもり）が入《はい》っています。釣《つ》り合《あ》えば，残《のこ》りのGHIの中《なか》に不良品《ふりょうひん》が入《はい》っています（ステップ1）。

次《つぎ》に，その不良品《ふりょうひん》を含《ふく》む三《みっ》つのおもりの中《なか》から二《ふた》つを選《えら》んで重《おも》さをくらべます（ステップ2）。どちらか一方《いっぽう》が下《さ》がれば下《さ》がったほうのおもりが，釣《つ》り合《あ》えば残《のこ》り一《ひと》つが不良品《ふりょうひん》であることがわかります。

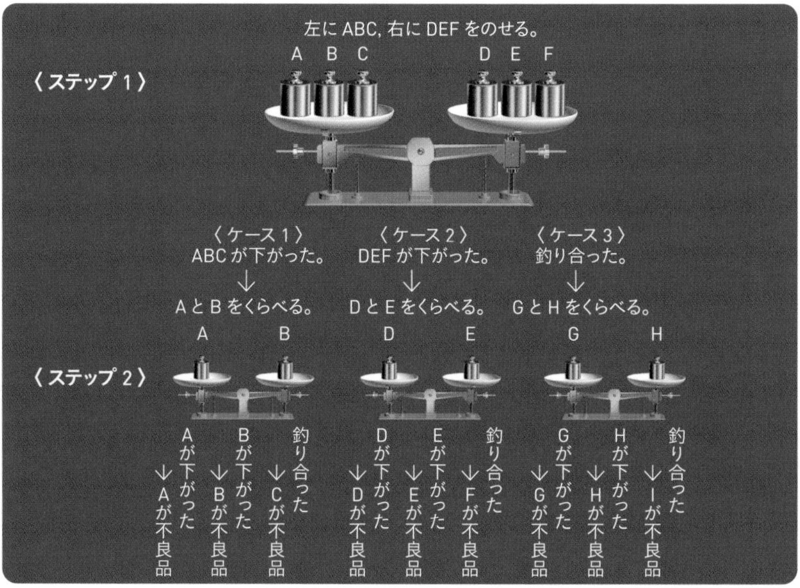

第《だい》47問《もん》：解答《かいとう》

赤《あか》い車《くるま》を出口《でぐち》から遠《とお》ざけ，出口《でぐち》をふさぐ車《くるま》を移動《いどう》

赤《あか》い車《くるま》Xを出口《でぐち》から脱出《だっしゅつ》させるには下記《かき》のようにします。

1. 赤《あか》い車《くるま》Xを左《ひだり》に2マス
2. Bを上《うえ》に2マス
3. Cを左《ひだり》に3マス
4. Bを下《した》に2マス
5. Aを下《した》に2マス
6. 赤《あか》い車《くるま》Xを右《みぎ》に4マス

このようにすれば，6回《かい》で赤《あか》い車《くるま》Xは駐車場《ちゅうしゃじょう》の外《そと》に出《で》ることができます。

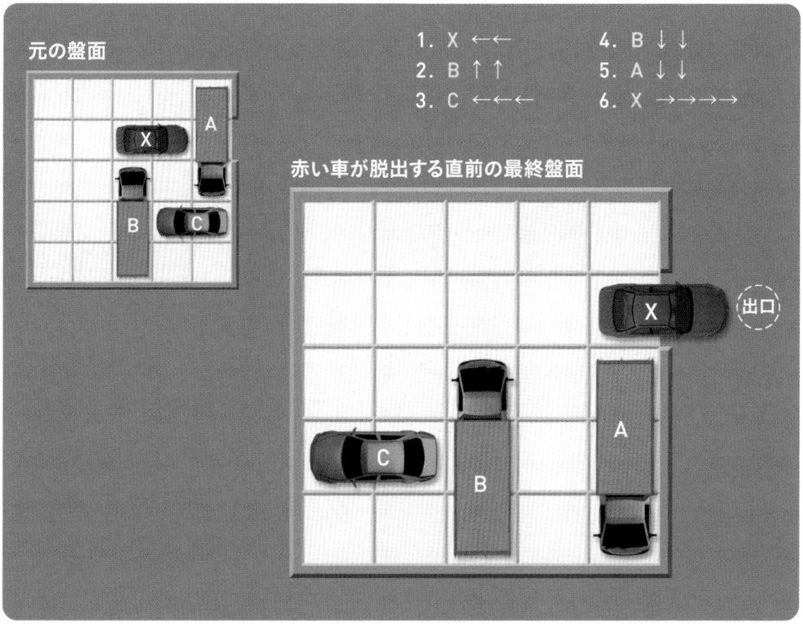

5

難問《なんもん》に挑戦《ちょうせん》！
形《かたち》と計算《けいさん》のパズル
【上級編《じょうきゅうへん》】

ここからは，さらに頭《あたま》を悩《なや》ませる難問《なんもん》を紹《しょう》介《かい》します。柔軟《じゅうなん》な発想力《はっそうりょく》がないと解《と》けないと思《おも》われる図形《ずけい》の問題《もんだい》や，土地《とち》をルールに沿《そ》って分《わ》けるパズルなどを用意《ようい》しました。初級編《しょきゅうへん》や中級編《ちゅうきゅうへん》で養《やし》った数学的《すうがくてき》センスと根気《こんき》を発揮《はっき》して，答《こた》えをさがしてください。

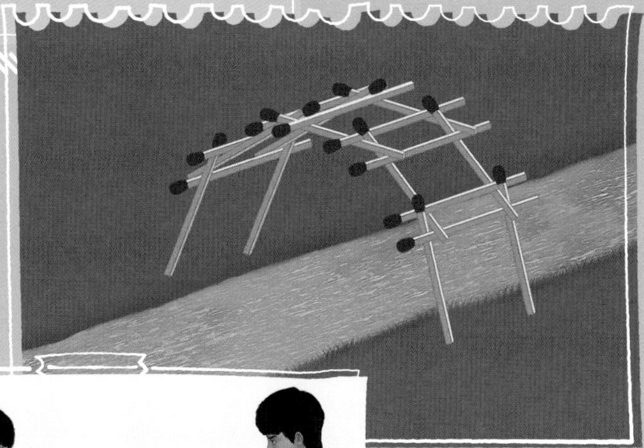

第《だい》48問《もん》

図形《ずけい》を切《き》り貼《ば》りして正方形《せいほうけい》をつくろう

図《ず》形《けい》の切《き》り貼《ば》りパズルに挑戦《ちょうせん》しましょう。

下《した》の例《れい》は凸形《とつがた》の図形《ずけい》を切《き》り貼《ば》りして正方形《せいほうけい》に変《か》えたものです。凸《とつ》形《がた》の左《ひだり》部分《ぶぶん》を切《き》りはなして，右肩《みぎかた》部分《ぶぶん》に貼《は》り合《あ》わせて正方形《せいほうけい》を完成《かんせい》させています。

同《おな》じ要領《ようりょう》で図形《ずけい》を切《き》り貼《ば》りして正方形《せいほうけい》にする問題《もんだい》を右《みぎ》に五《いつ》つ用意《ようい》しました。問題《もんだい》①は正方形《せいほうけい》の右肩《みぎかた》部分《ぶぶん》が欠《か》けた図形《ずけい》，問題《もんだい》②は水筒《すいとう》のような図形《ずけい》，問題《もんだい》③は正八角形《せいはっかっけい》，問題《もんだい》④は正十二角形《せいじゅうにかっけい》，問題《もんだい》⑤は手《しゅ》裏剣《りけん》のような図形《ずけい》です。

いずれの図形《ずけい》も一見《いっけん》すると正方《せいほう》形《けい》にするのはむずかしそうです。**しかし，どの図形《ずけい》も工夫《くふう》して切《き》り貼《ば》りすると，正方形《せいほうけい》にすることができます。**

なお，問題《もんだい》⑤については，まずは正六角形《せいろっかっけい》に変形《へんけい》してから正方形《せいほうけい》に変形《へんけい》するという2段階《だんかい》でやってみましょう。

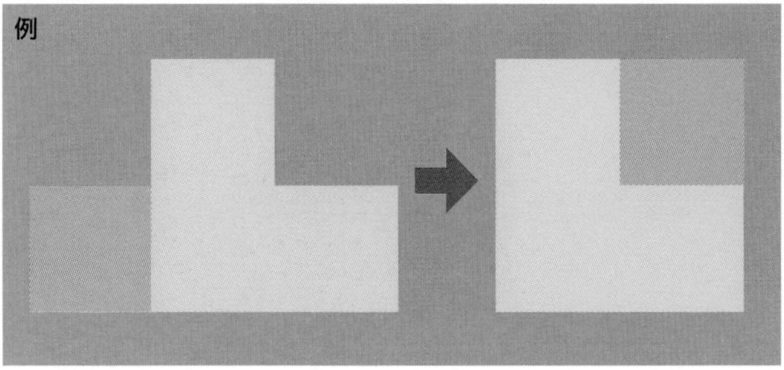

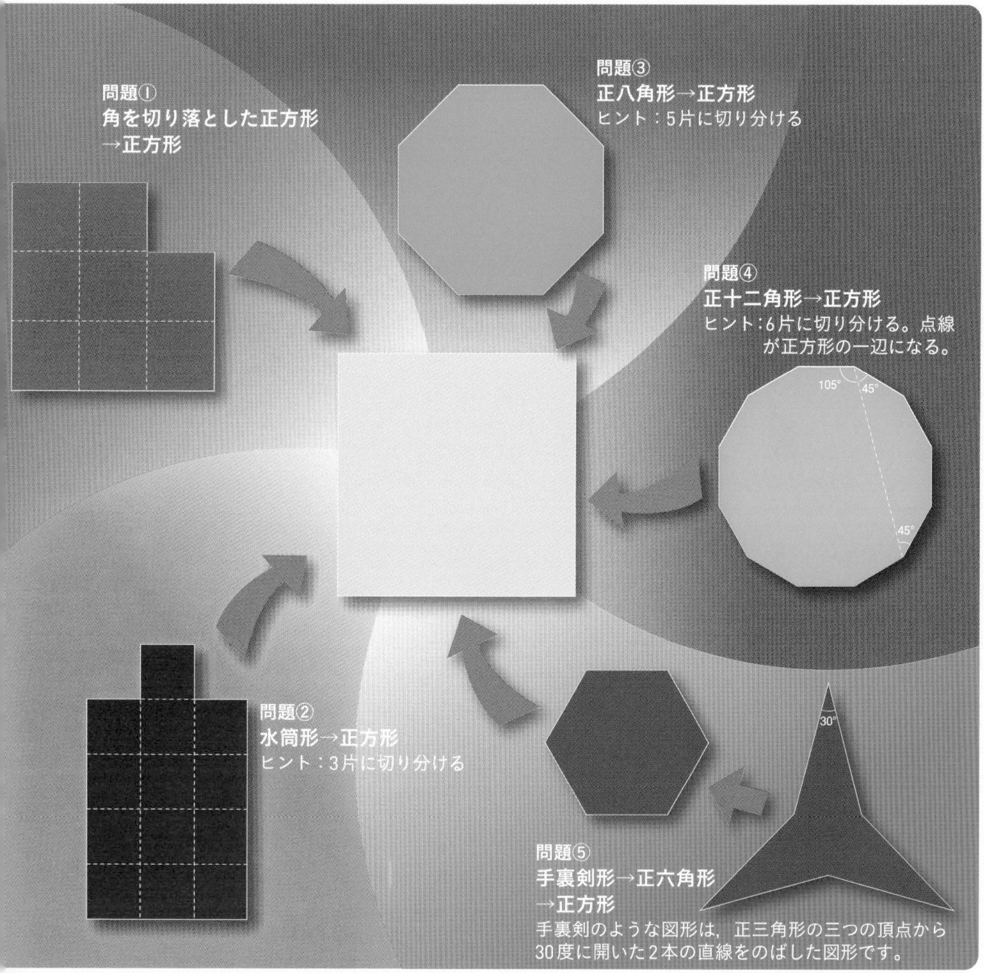
問題①
角を切り落とした正方形
→正方形
問題③
正八角形→正方形
ヒント：5片に切り分ける
問題④
正十二角形→正方形
ヒント:6片に切り分ける。点線
が正方形の一辺になる。
105°
45°
45°
問題②
水筒形→正方形
ヒント：3片に切り分ける
30°
問題⑤
手裏剣形→正六角形
→正方形
手裏剣のような図形は，正三角形の三つの頂点から
30度に開いた2本の直線をのばした図形です。

❯答えは114ページ

第《だい》48問《もん》：解答《かいとう》

いきなりむずかしい問題《もんだい》が登《とう》場《じょう》しました。紙《かみ》とはさみや定規《じょうぎ》，ものさしなどを駆使《くし》してチャレンジしてください。

問題①の解答

角を切り落とした正方形→正方形

問題②の解答

水筒形→正方形

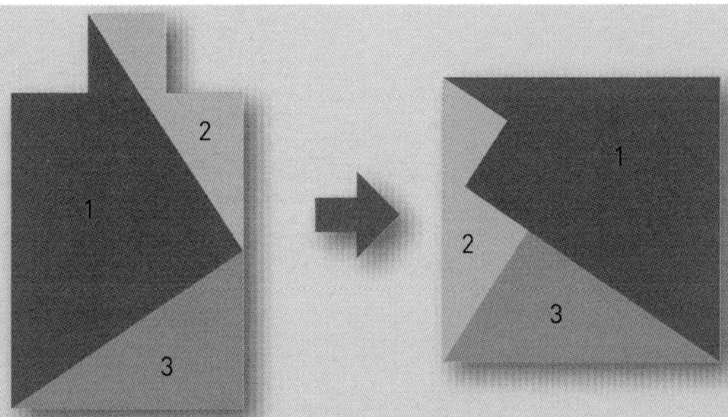

問題③の解答

正八角形→正方形

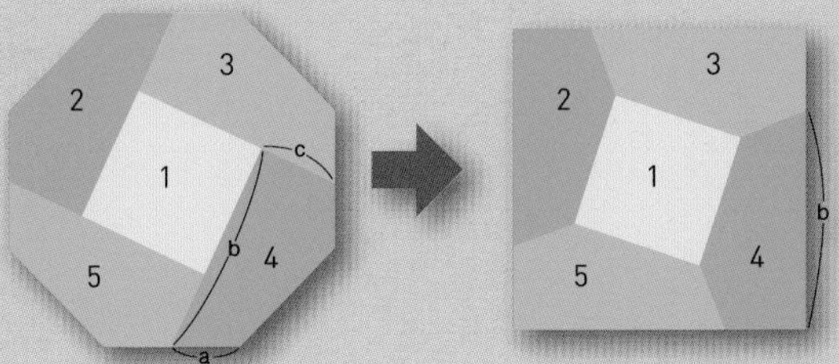

問題④の解答

正十二角形→正方形

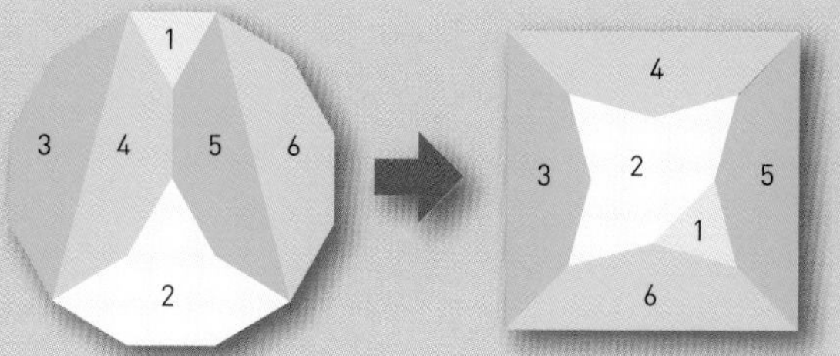

問題⑤の解答

手裏剣形→正六角形

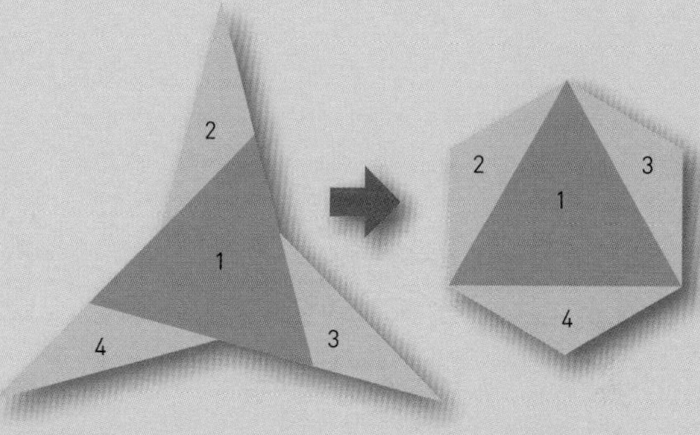

正六角形→正方形

AG＝CHとなるようにする。

GKとHLは，EJと垂直に交わるようにする。

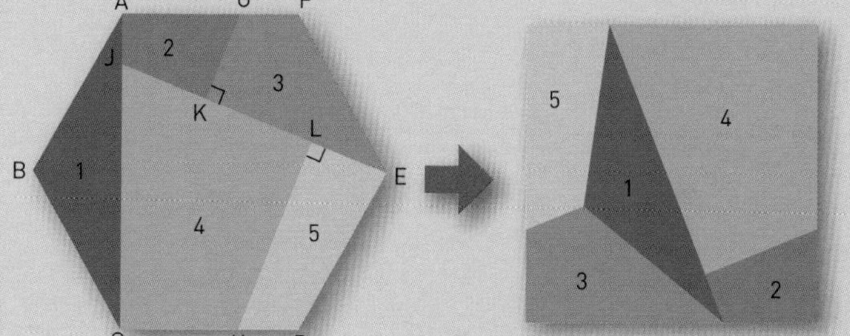

第《だい》49問《もん》

土地《とち》と木《き》を分割《ぶんかつ》してみよう①

下《か》図《ず》のような正方形《せいほうけい》の土地《とち》の中《なか》に4本《ほん》の木《き》が1列《れつ》に立《た》っています。地主《じぬし》は4人《にん》の子供《こども》に同《おな》じ面積《めんせき》の土地《とち》を分《わ》けたいと考《かんが》えています。**それぞれの土地《とち》に木《き》が1本《ぽん》ずつ含《ふく》まれるようにするには，どのように分《わ》ければよいでしょうか？**

ただし塀《へい》は折《お》れ曲《ま》がっていてもよいものとし，余《あま》った土地《とち》がでないように分《わ》けるものとします。

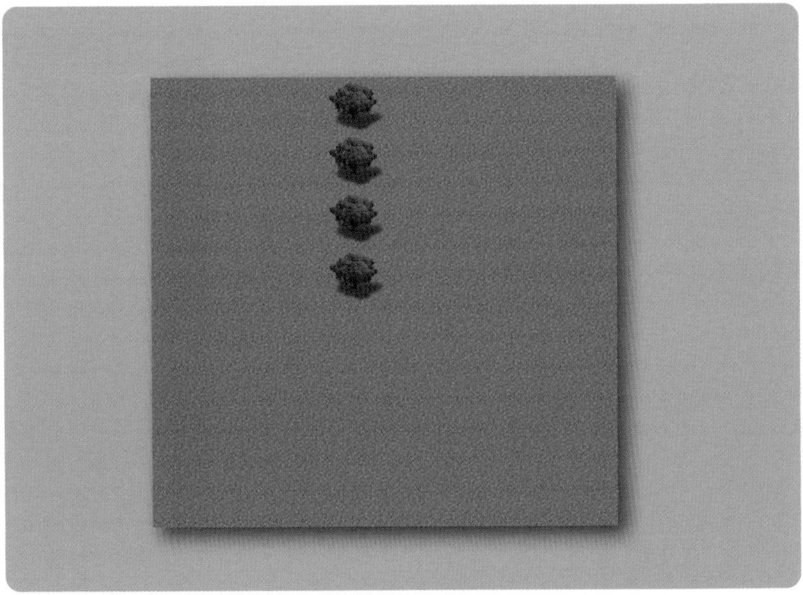

アメリカのパズル作家サム・ロイドの作品をもとに作成。

答えは118ページ

第《だい》50問《もん》

土地《とち》と木《き》を分割《ぶんかつ》してみよう ②

円《えん》形《けい》の土地《とち》の中《なか》に10本《ぽん》の木《き》が立《た》っています。この土地《とち》の中《なか》に三《みっ》つの同《おな》じ大《おお》きさの円《えん》をえがいて，すべての木《き》を1本《ぽん》ずつ分《ぶん》離《り》させたいと思《おも》います。**どのような円《えん》をかけばよいでしょうか？**

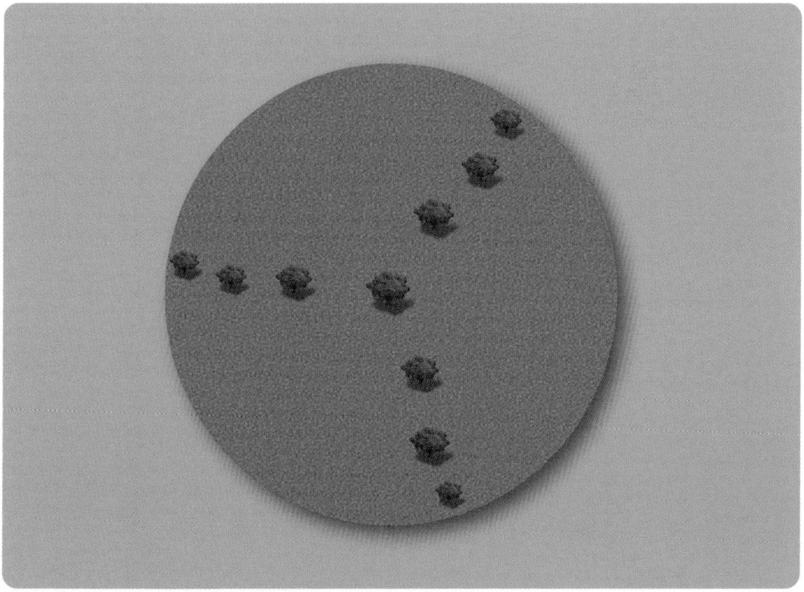

デュードニーの作品をもとに作成。

答えは 119 ページ

第《だい》49問《もん》：解答《かいとう》

パズルだからこそできる 大胆《だいたん》な分割《ぶんかつ》

下《した》の図《ず》のように分割《ぶんかつ》すると，子供《こども》たち一人一人《ひとりひとり》に木《き》を1本《ぽん》ずつ分《わ》けあたえ，土地《とち》の面積《めんせき》も同《おな》じにすることができます。しかし，それぞれの土地《とち》は，とても使《つか》い勝手《がって》が悪《わる》そうな分割《ぶんかつ》になってしまいます。

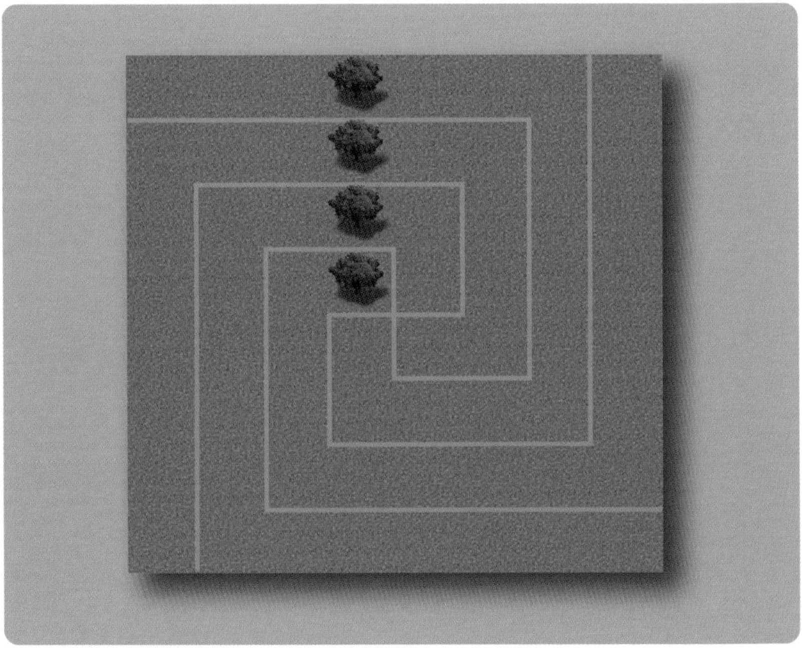

第《だい》50問《もん》：解答《かいとう》

三《みっ》つの内接円《ないせつえん》で各区割《かくくわ》りに1本《ぽん》ずつ配置《はいち》する

円《えん》形《けい》の土地《とち》に内接《ないせつ》するように同《おな》じ大《おお》きさの三《みっ》つの円《えん》をえがきます。そして，それぞれの円《えん》に木《き》が4本《ほん》ずつ入《はい》るようにすると，10本《ぽん》の木《き》は，各区割《かくくわ》りに1本《ぽん》ずつ入《い》れることができます。

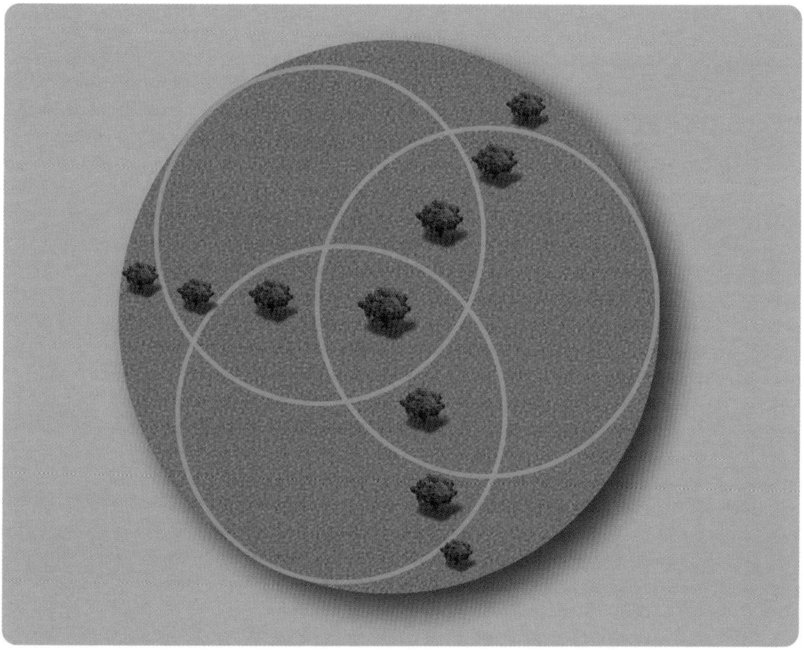

第《だい》51問《もん》

マッチ棒《ぼう》で橋《はし》をかけよう

直径《ちょっけい》9センチメートルの穴《あな》が地面《じめん》に開《あ》いています（下《した》の図《ず》）。この穴《あな》にマッチ棒《ぼう》を使《つか》って橋《はし》をかけたいのですが，マッチ棒《ぼう》1本《ぽん》は9センチメートルに少《すこ》し足《た》りないので，5本《ほん》のマッチ棒《ぼう》を組《く》み合《あ》わせて橋《はし》をかけることにします。しかも，橋《はし》をA地点《ちてん》とB地点《ちてん》を結《むす》ぶようにしたいのです。もちろん接着剤《せっちゃくざい》などは使用《しよう》できません。

どのようにマッチ棒《ぼう》を組《く》み合《あ》わせればよいでしょうか？

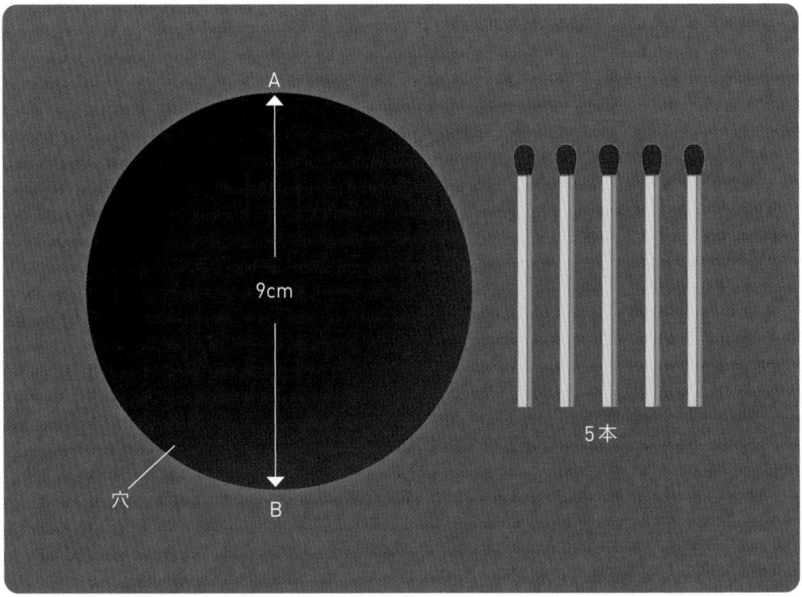

答えは122ページ

第《だい》52問《もん》

マッチ棒《ぼう》で アーチ橋《きょう》をかけよう

下《した》の図《ず》のような川《かわ》が流《なが》れています。ここにマッチ棒《ぼう》18本《ぼん》を使《つか》って橋《はし》をかけます。しかも今《こん》度《ど》は，橋《はし》の下《した》を船《ふね》が通《とお》れるようにアーチ形《がた》の橋《はし》にします。もちろん接着剤《せっちゃくざい》などは使用《しよう》できません。

どのようにマッチ棒《ぼう》を組《く》み合《あ》わせればよいでしょうか？

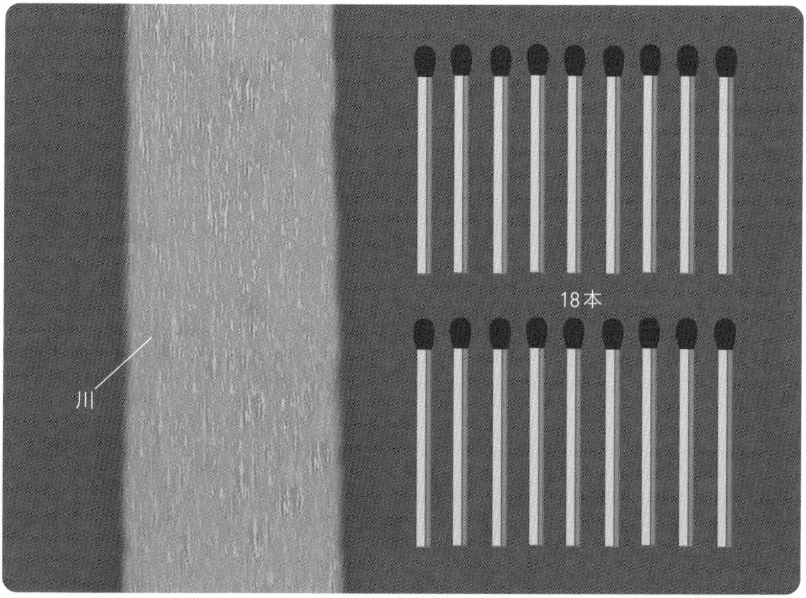

＞答えは 123 ページ

第《だい》51問《もん》：解答《かいとう》

マッチ棒《ぼう》どうしを引《ひ》っかけて橋《はし》をつくる

マッチ棒《ぼう》5本《ほん》を下《した》の図《ず》のように組《く》み上《あ》げれば，A地点《ちてん》とB地点《ちてん》を結《むす》ぶ橋《はし》がかけられます。

　ポイントは2本《ほん》のマッチ棒《ぼう》を中央《ちゅうおう》で支《ささ》えるために1本《ぽん》のマッチ棒《ぼう》を斜《なな》めに渡《わた》すことです。そのために，その斜《なな》めのマッチ棒《ぼう》を両側《りょうがわ》から支《ささ》えるマッチ棒《ぼう》を渡《わた》します。マッチ棒《ぼう》の先端《せんたん》をそれぞれのマッチ棒《ぼう》にうまく引《ひ》っかけることで，橋《はし》を完成《かんせい》させることができます。

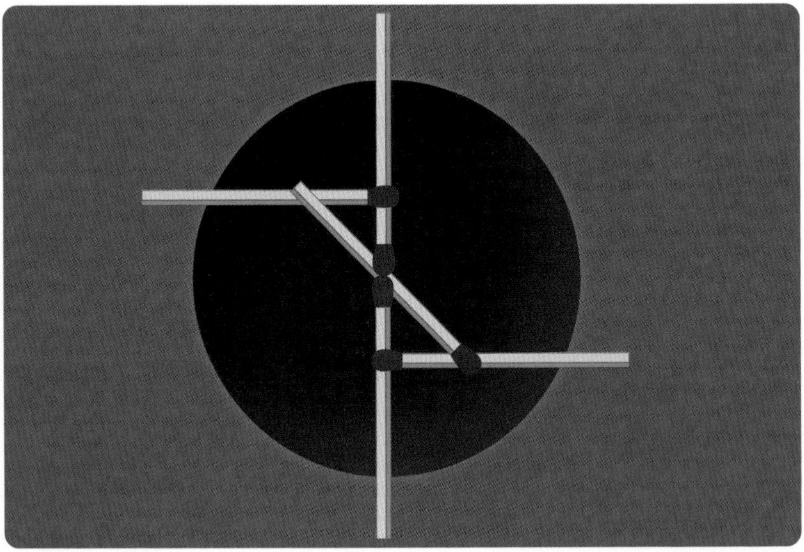

第《だい》52問《もん》：解答《かいとう》

鳥居《とりい》のような形《かたち》をいくつも重《かさ》ねて組《く》み上《あ》げる

下《した》の図《ず》のように，立体的《りったいてき》にマッチ棒《ぼう》を組《く》み上《あ》げれば，川《かわ》にアーチ形《がた》の橋《はし》をかけることができます。

この形《かたち》をよく見《み》ると，マッチ棒《ぼう》4本《ほん》で鳥居《とりい》のような形《かたち》に組《く》んだものの五《いつ》つからできていることがわかります。

4本《ほん》のマッチ棒《ぼう》だけでは，当然《とうぜん》，鳥居《とりい》の形《かたち》は維持《いじ》できません。しかし，別《べつ》の鳥居《とりい》の2本《ほん》の縦棒《たてぼう》が横棒《よこぼう》2本《ほん》を支《ささ》えることで，この構造《こうぞう》を維持《いじ》してアーチを形《かたち》づくることができるわけです。

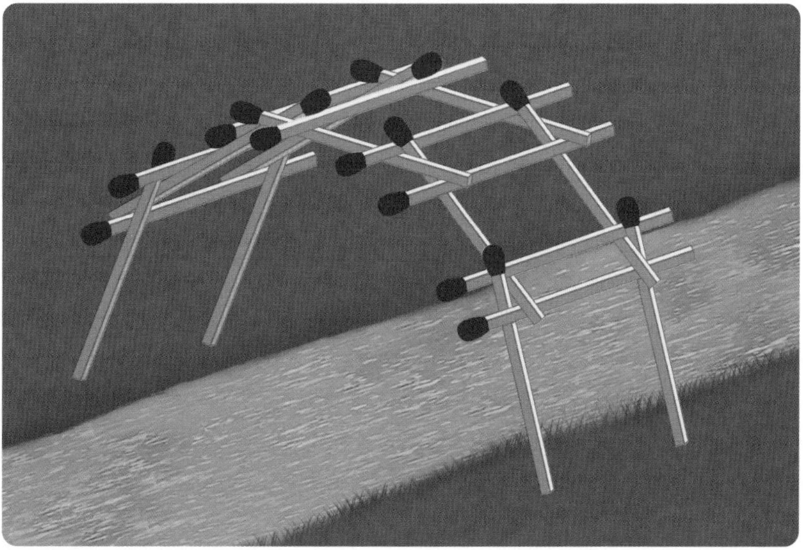

第《だい》53問《もん》

ピザを6回《かい》カットしたとき，最大《さいだい》何《なん》切《き》れつくれる？

1枚《まい》のピザがあります。下《した》の図《ず》のように，6本《ぼん》の直線《ちょくせん》でピザをカットすると，12切《き》れに分《わ》けることができます。

さて，6本《ぼん》の直線《ちょくせん》の位置《いち》を変《か》えると，もっとたくさんの数《かず》に分《わ》けることができます。**では，6本《ぼん》の直線《ちょくせん》でピザを最大《さいだい》何《なん》切《き》れに分《わ》けることができるでしょうか？**

ただし，一切《ひとき》れの大《おお》きさは同《おな》じでなくてもかまいません。

＞答えは 126 ページ

第《だい》54問《もん》

チョココーティングも平等《びょうどう》にケーキを切《き》り分《わ》けよう

ケーキの切《き》り分《わ》け問題《もんだい》を紹介《しょうかい》しましょう。

お父《とう》さんが上面《じょうめん》が正方形《せいほうけい》のチョコレートケーキを買《か》ってきました。家族《かぞく》は6人《にん》います。お父《とう》さんが下《した》の図《ず》のように切《き》り分《わ》けようとしたところ，娘《むすめ》が「その切《き》り方《かた》だと，真《ま》ん中《なか》の二《ふた》つだけチョコレートのコーティング部分《ぶぶん》が少《すく》なくなる」と指摘《してき》しました。

では，ケーキの体積《たいせき》だけでなく，表面《ひょうめん》のチョコレートのコーティング部分《ぶぶん》も平等《びょうどう》に切《き》り分《わ》けるには，どうすればよいでしょうか？

お父さんの切り分け方

＞答えは 127 ページ

第《だい》53問《もん》：解答《かいとう》

6回《かい》で切《き》り分《わ》けられるのは最大《さいだい》22切《き》れ

1枚《まい》のピザを1回《かい》カットすると2切《き》れに分《わ》かれます。2回《かい》目《め》のカットを行《おこな》うと，2切《き》れふえて4切《き》れになります。1回目《かいめ》と2回《かい》目《め》にカットした直線《ちょくせん》を横切《よこぎ》り，かつそれらの交点《こうてん》を通《とお》らないように3回目《かいめ》のカットを行《おこな》うと，3切《き》れふえて7切《き》れになります。

このように，前回《ぜんかい》までにカットした直線《ちょくせん》をすべて横切《よこぎ》り，かつそれらの直線《ちょくせん》の交点《こうてん》を通《とお》らないようにカットすると，***n***回目《かいめ》のカットごとに***n***切《き》れずつふえることがわかります。したがって，6回《かい》カットすると1＋1＋2＋3＋4＋5＋6＝22切《き》れになります。ちなみに，***n***回《かい》カットしたときの最大《さいだい》の個数《こすう》は$\frac{n(n+1)}{2}$＋1とあらわせます。

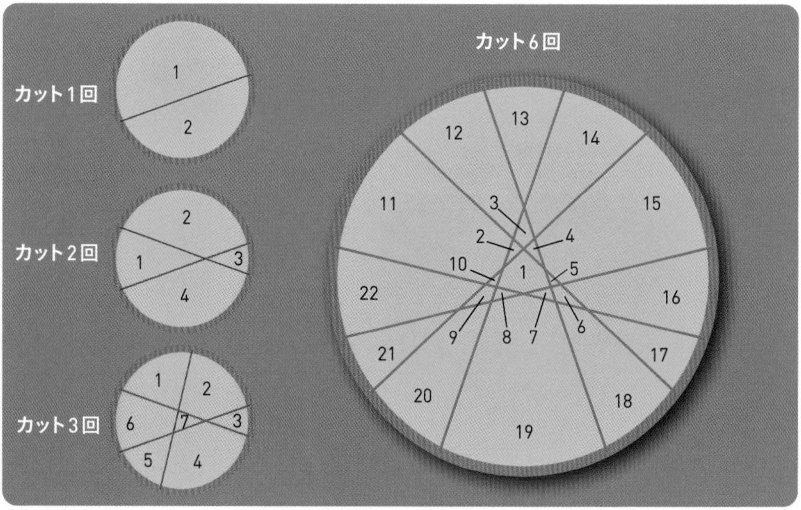

第《だい》54問《もん》：解答《かいとう》

側面《そくめん》に24等分《とうぶん》した印《しるし》をつけ，四《よっ》つ分《ぶん》ごとに切《き》り分《わ》ける

まず，ケーキ上面《じょうめん》の正方形《せいほうけい》に対角線《たいかくせん》を2本《ほん》引《ひ》き，その交《こう》点《てん》から正方形《せいほうけい》の中心《ちゅうしん》を割《わ》りだします。そして，下《した》の図《ず》のようにケーキの側面《そくめん》を24等分《とうぶん》するような印《しるし》をつけます。6個《こ》に切《き》り分《わ》けたいので，一人分《ひとりぶん》につき，24分割《ぶんかつ》された側面《そくめん》が四《よっ》つ分《ぶん》となるように切《き》り分《わ》けます。

三角形《さんかっけい》の面積《めんせき》の公式《こうしき》を考《かんが》えると，このように切《き》り分《わ》けると上面《じょうめん》の面積《めんせき》もすべてのピースで同《おな》じになることがわかります。つまり，ケーキの体積《たいせき》もチョコレートのコーティング部分《ぶぶん》も平等《びょうどう》に切《き》り分《わ》けられるのです。

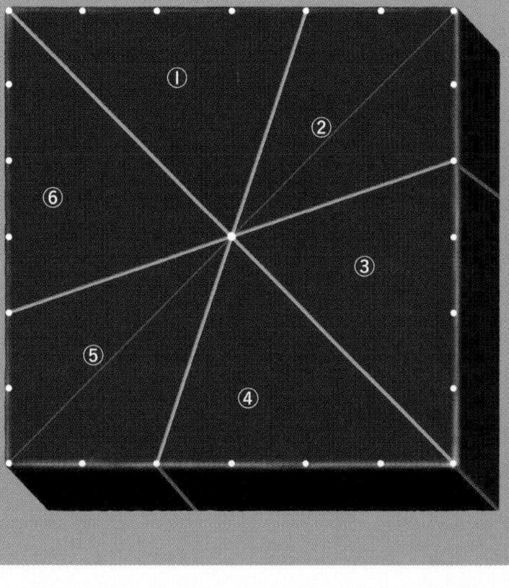

第《だい》55問《もん》

すべての町《まち》を1度《ど》だけ通《とお》るルートをさがそう①

この迷路《めいろ》パズルは，アメリカの有名《ゆうめい》なパズル作家《さっか》サム・ロイドが考案《こうあん》したものをアレンジしたものです。

下《した》の図《ず》は，S町《まち》からG町《まち》までの地図《ちず》です。S町《まち》からG町《まち》までの最短《さいたん》ルートは，S町《まち》からF町《まち》，E町《まち》を経由《けいゆ》してG町《まち》に行《い》けばよいことになります。

では，S町《まち》を出発《しゅっぱつ》して，A町《まち》からM町《まち》のすべての町《まち》を1度《ど》だけ通《とお》り，G町《まち》へと至《いた》るルートは何通《なんとお》りあるでしょうか？

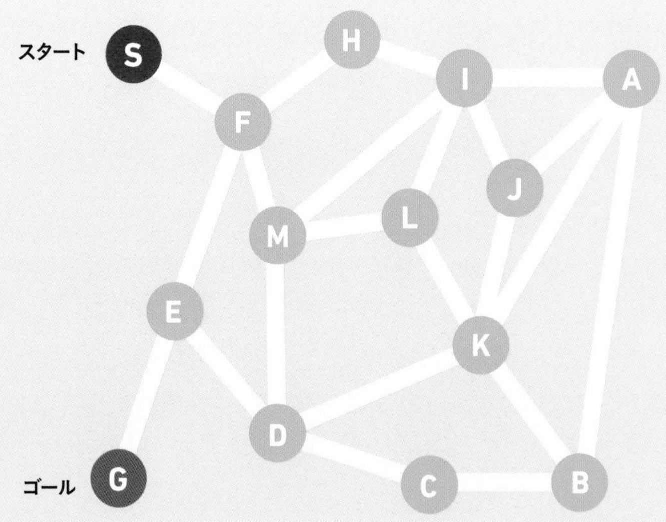

＞答えは 130 ページ

第《だい》56問《もん》

すべての町《まち》を1度《ど》だけ通《とお》るルートをさがそう②

下《した》の地図《ちず》は，町《まち》どうしを結《むす》ぶ道《みち》を示《しめ》しています。各《かく》アルファベットは，その町《まち》の名前《なまえ》の頭《かしら》文字《もじ》を示《しめ》しています。

左上《ひだりうえ》の町《まち》Gから右下《みぎした》の町《まち》Nまで，地図上《ちずじょう》にあるすべての町《まち》を経由《けいゆ》して行《い》くにはどのルートを選《えら》べばよいでしょうか？ 同《おな》じ道《みち》，同《おな》じ町《まち》は1度《ど》しか通《とお》ってはいけません。条件《じょうけん》を満《み》たす正《ただ》しいルートは一《ひと》つしかありません。

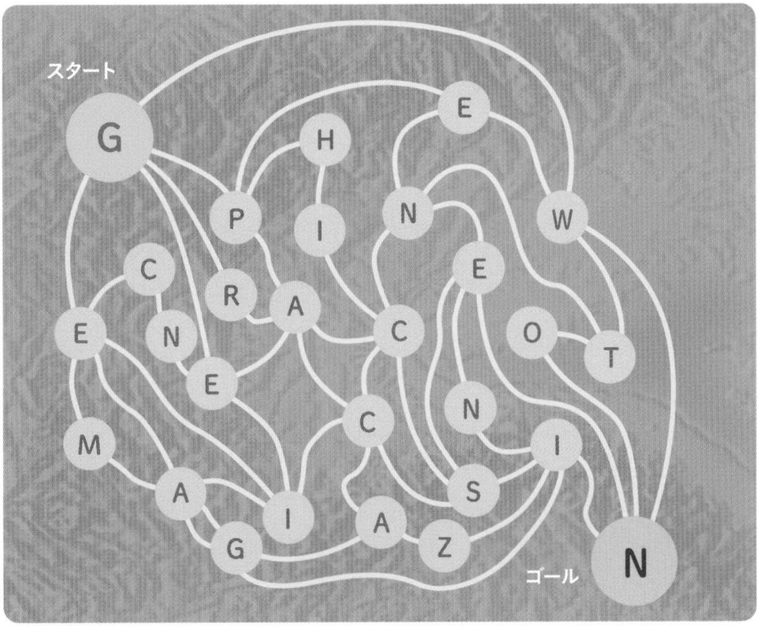

答えは 131 ページ

第《だい》55問《もん》：解答《かいとう》

答《こた》えは1通《とお》りのみ。2本《ほん》の道《みち》しかない町《まち》に注目《ちゅうもく》

答《こた》えは下《した》の図《ず》のルートで，1通《とお》りしかありません。まずは，必《かなら》ず通《とお》る道《みち》をさがしてみましょう。

明《あき》らかなのは，SーF，EーGです。またHとCは2本《ほん》の道《みち》としか接続《せつぞく》していないので，FーH，HーI，BーC，CーDも必《かなら》ず通《とお》ります。すると，FーM，FーEは除外《じょがい》され，それによりDーEを必《かなら》ず通《とお》ることになるので，MーD，DーKも除外《じょがい》されます。そうなるとMを通《とお》るにはIーM，MーLを使《つか》うことになります。すると，IーA，IーJ，IーLは使《つか》えなくなり，図《ず》のルートしかないことがわかります。

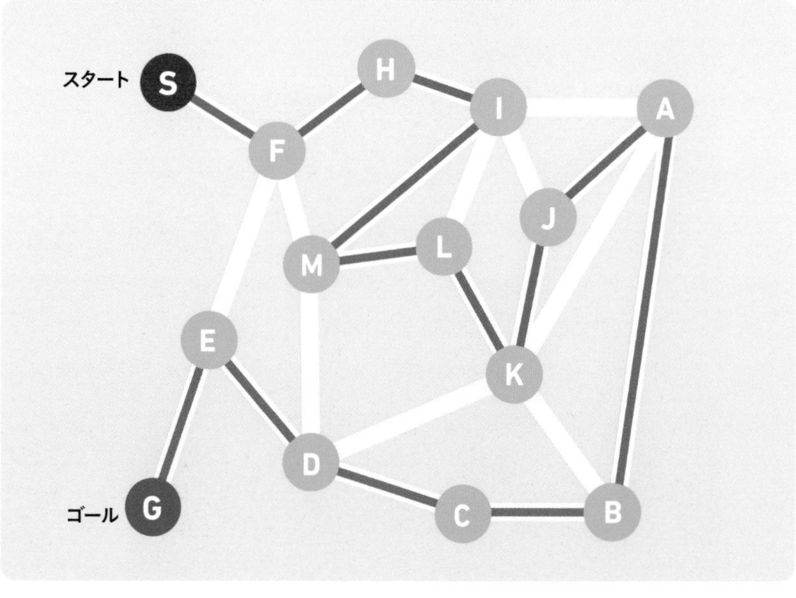

第《だい》56問《もん》：解答《かいとう》

答《こた》えは1通《とお》りのみ。複雑《ふくざつ》でも考《かんが》え方《かた》は同《おな》じ

前《ぜん》問《もん》の解《と》き方《かた》で根気《こんき》よく考《かんが》えれば答《こた》えをみつけだすことができます。注目《ちゅうもく》すべきは，前問《ぜんもん》と同様《どうよう》に，2本《ほん》の道《みち》としか接続《せつぞく》していない町《まち》です。

順《じゅん》を追《お》って考《かんが》えていくと，途中《とちゅう》すべての町《まち》を通《とお》り，同《おな》じ道《みち》，同《おな》じ町《まち》を1度《ど》しか通《とお》らないルートは，下《した》の図《ず》に示《しめ》すルートしかありません。

なお，町《まち》の頭文字《かしらもじ》をつなぐと「GRAPHIC《グラフィック》 SCIENCE《サイエンス》 MAGAZINE《マガジン》 NEWTON《ニュートン》」となっています。

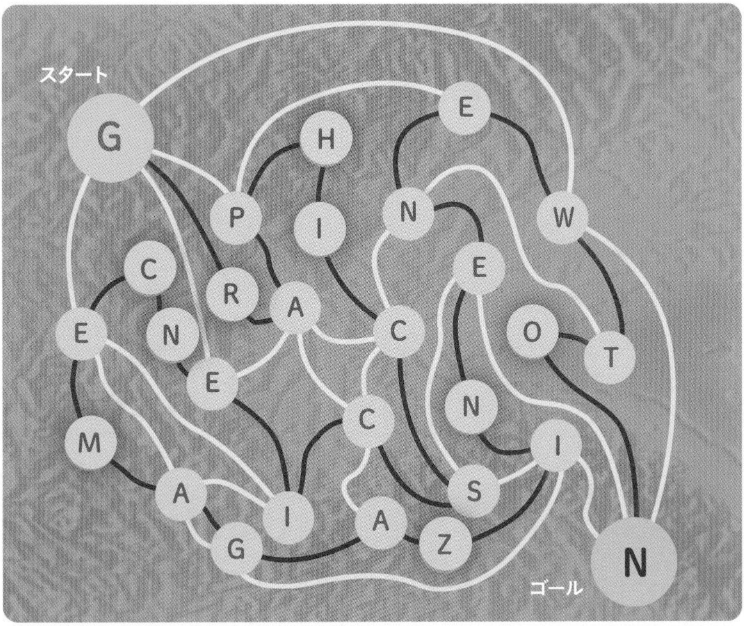

第《だい》57問《もん》

7分《ふん》と11分《ぷん》の砂時計《すなどけい》で24分《ぷん》をはかろう

90～91ページと同様《どうよう》の砂《すな》時計《どけい》の問題《もんだい》です。7分《ふん》をはかれる砂時計《すなどけい》と，11分《ぷん》をはかれる砂時計《すなどけい》があります。**この二《ふた》つの砂時計《すなどけい》を使《つか》って24分《ぷん》をはかろうとしています。どのようにすればよいでしょうか？**　なお，あたえられた各砂時計《かくすなどけい》の砂《すな》は，すべて下側《したがわ》に落《お》ちた状態《じょうたい》にあるとします。また，砂時計《すなどけい》をひっくり返《かえ》すときのタイムロスは考《かんが》えません。

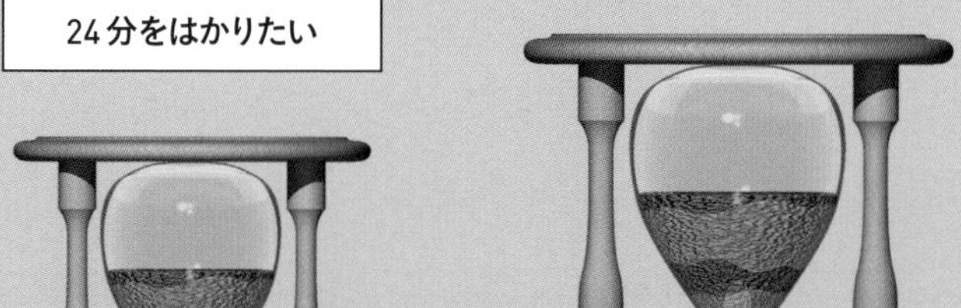

7分をはかれる砂時計

11分をはかれる砂時計

＞答えは134ページ

第《だい》58問《もん》

5分《ふん》と8分《ぷん》の砂時計《すなどけい》で 9分《ふん》をはかろう

5分《ふん》と8分《ぷん》をはかることができる2種類《しゅるい》の砂時計《すなどけい》があります。**この二《ふた》つの砂時計《すなどけい》を使《つか》って，9分《ふん》をはかるにはどうすればよいでしょうか？**

なお，二《ふた》つの砂時計《すなどけい》の砂《すな》はどちらも，はじめは下側《したがわ》に落《お》ちた状態《じょうたい》であるものとします。また，砂時計《すなどけい》をひっくり返《かえ》すときのタイムロスは考《かんが》えません。

5 分をはかれる砂時計　　8 分をはかれる砂時計

＞答えは 135 ページ

第《だい》57問《もん》：解答《かいとう》

それぞれ3回《かい》ずつ，上手《じょうず》にひっくり返《かえ》そう

二《ふた》つの砂時計《すなどけい》を同時《どうじ》にひっくり返《かえ》します。そして，7分後《ふんご》に7分《ふん》の砂時計《すなどけい》をひっくり返《かえ》します。その4分後《ぷんご》（開始《かいし》から11分経《ぷんけい》過《か》）に11分《ぷん》の砂時計《すなどけい》をひっくり返《かえ》します。そして，その3分後《ぷんご》（開《かい》始《し》から14分経過《ぷんけいか》）に7分《ふん》の砂時計《すなどけい》の砂《すな》がすべて落《お》ちたら，再度《さいど》11分《ぷん》の砂時計《すなどけい》をひっくり返《かえ》します。そのとき11分《ぷん》の砂時計《すなどけい》は，前回《ぜんかい》ひっくり返《かえ》したときから3分《ぷん》が経過《けいか》しているので，11分《ぷん》の砂時計《すなどけい》の砂《すな》は3分後《ぷんご》にすべて落《お》ちることになります。そして，3分後《ぷんご》（開始《かいし》から17分経過《ふんけいか》）に11分《ぷん》の砂時計《すなどけい》の砂《すな》がすべて落《お》ちたら，今度《こんど》は7分《ふん》の砂時計《すなどけい》をひっくり返《かえ》します。その後《ご》，7分《ふん》の砂時計《すなどけい》の砂《すな》がすべて落《お》ちたときが開始《かいし》から24分《ぷん》です。

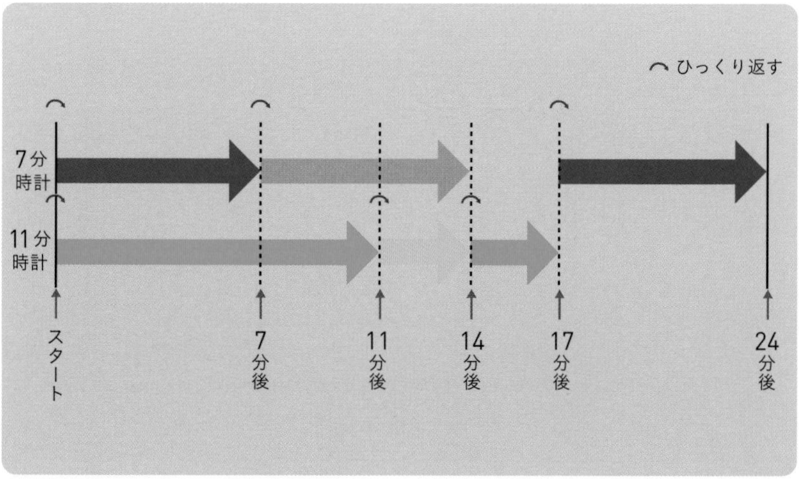

第《だい》58問《もん》：解答《かいとう》

時間《じかん》を計測《けいそく》する前《まえ》に，ひっくり返《かえ》しておく

二《ふた》つの砂時計《すなどけい》を同時《どうじ》にひっくり返《かえ》します。しかし，そのときを時間計測《じかんけいそく》の開始《かいし》としないのがポイントです。5分後《ふんご》に5分《ふん》の砂《すな》時計《どけい》の砂《すな》がすべて落《お》ちたところでひっくり返し，計測《けいそく》を開始《かいし》します。

そのあと，8分《ぷん》の砂時計《すなどけい》の砂《すな》がすべて落《お》ちたとき（計測開始《けいそくかいし》から3分経過《ぷんけいか》），二《ふた》つの砂時計《すなどけい》を同時《どうじ》にひっくり返《かえ》します。すると5分《ふん》の砂時計《すなどけい》は，その3分後《ぷんご》にまた砂《すな》がすべて落《お》ちることになります（計《けい》測開始《そくかいし》から6分経過《ぷんけいか》）。5分《ふん》の砂時《すなど》計《けい》の砂《すな》がすべて落《お》ちたら，8分《ぷん》の砂時計《すなどけい》をひっくり返《かえ》します。このときひっくり返《かえ》した8分《ぷん》の砂時計《すなどけい》の上側《うわがわ》には，3分《ぷん》ですべて落《お》ちる砂《すな》があるので，この砂《すな》がすべて落《お》ちたとき計測開始《けいそくかいし》から9分経過《ふんけいか》していることになります。

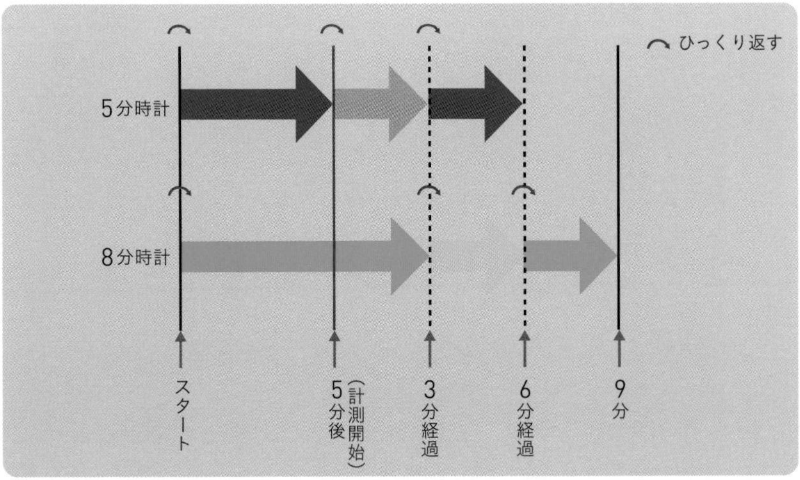

第《だい》59問《もん》

囲碁《いご》の先手《せんて》の決《き》め方《かた》は公平《こうへい》だろうか

囲《い》碁《ご》では，先手《せんて》が黒《くろ》い石《いし》を使《つか》い，後手《ごて》が白《しろ》い石《いし》を使《つか》います。囲碁《いご》は先手《せんて》が有利《ゆうり》といわれているので，実力差《じつりょくさ》がある場合《ばあい》は強《つよ》い人《ひと》のほうが後手《ごて》，つまり白《しろ》い石《いし》を使《つか》います。しかし，二人《ふたり》の実力《じつりょく》が同《おな》じくらいのときは，「にぎり」という方法《ほうほう》で先手《せんて》を決《き》めます。にぎりとは，どちらか一方《いっぽう》が相手《あいて》に見《み》えないように白《しろ》い石《いし》を適当《てきとう》な個《こ》数《すう》でにぎり，相手《あいて》はそのにぎった石《いし》の数《かず》が奇数《きすう》か偶数《ぐうすう》かを当《あ》てるというものです。当《あ》たれば先手《せんて》となり，外《はず》れれば後手《ごて》となります。

この方法《ほうほう》は一見公平《いっけんこうへい》にみえますが，偶数《ぐうすう》になる確率《かくりつ》と奇数《きすう》になる確率《かくりつ》は，本当《ほんとう》に同《おな》じなのでしょうか？

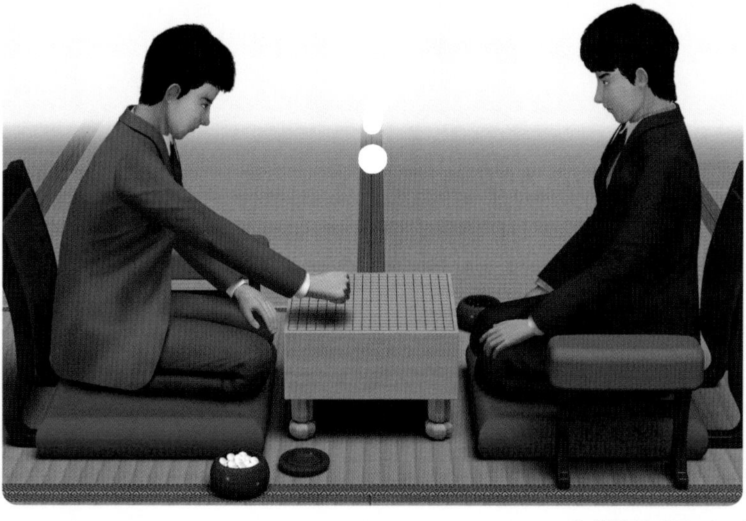

＞答えは 138 ページ

第《だい》60問《もん》

底《そこ》に穴《あな》のある不思議《ふしぎ》なポットの構造《こうぞう》を当《あ》てよう

イラストのような，底《そこ》の部分《ぶぶん》に穴《あな》が開《あ》いている不思議《ふしぎ》なポットの構造《こうぞう》を考《かんが》えてみましょう。

このポットの底《そこ》の穴《あな》から水《みず》を注《そそ》ぎます。このとき，ポットの口《くち》は下《した》を向《む》いていますが，水《みず》はこぼれてきませんでした。さらに，水《みず》を注《そそ》いだあと左《ひだり》の図《ず》のように穴《あな》を下《した》にして置《お》いても，その穴《あな》から水《みず》はこぼれませんでした。ただし，ポットを傾《かたむ》けると，ポットの口《くち》からきちんと水《みず》が出《で》てきました。

このポットの内部《ないぶ》の構造《こうぞう》は，どのようになっているでしょうか？

〉答えは 139 ページ

第《だい》59問《もん》：解答《かいとう》

実《じつ》は，奇数《きすう》になる確率《かくりつ》のほうがわずかに高《たか》い

白《しろ》い碁石《ごいし》の総数《そうすう》が4個《こ》しかないとします。このうち1個《こ》をにぎるときの選《えら》び方《かた》は4通《とお》りで，3個《こ》をにぎるときの選《えら》び方《かた》も4通《とお》りなので，にぎった数《かず》が奇数《きすう》になる選《えら》び方《かた》は合計《ごうけい》8通《とお》りです。一方《いっぽう》，2個《こ》をにぎるときの選《えら》び方《かた》は6通《とお》りで，4個《こ》をにぎるときの選《えら》び方《かた》は1通《とお》りなので，にぎった数《かず》が偶《ぐう》数《すう》になる選《えら》び方《かた》は合計《ごうけい》7通《とお》りです。つまり，奇数《きすう》となる確率《かくりつ》は$\frac{8}{15}$＝約《やく》53.3％，偶数《ぐうすう》となる確率《かくりつ》は$\frac{7}{15}$＝約《やく》46.7％となり，奇数《きすう》のほうがわずかに高《たか》くなります。

このため，先手《せんて》をとりたければ，にぎった数《かず》を「奇数《きすう》」と予測《よそく》するほうがわずかに有利《ゆうり》となるのです。

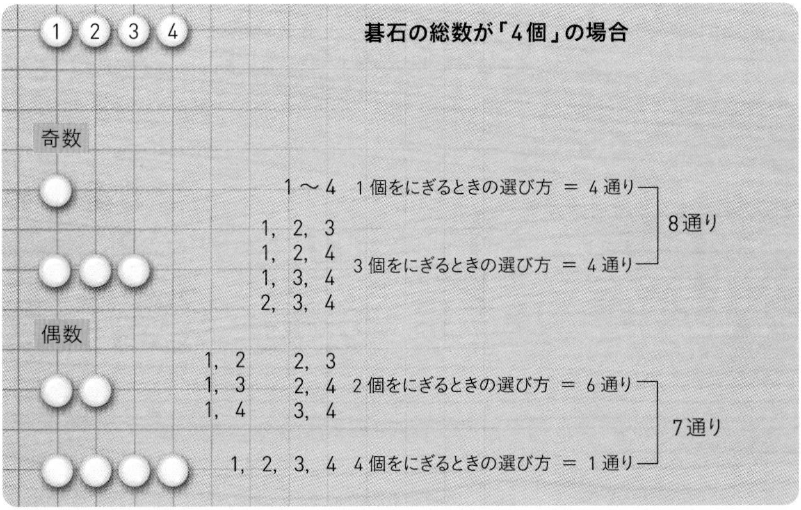

第《だい》60問《もん》：解答《かいとう》

底《そこ》の穴《あな》はポットの中《なか》で細長《ほそなが》い筒状《つつじょう》になっている

構《こう》造《ぞう》のポイントは二《ふた》つあります。一《ひと》つ目《め》は，このポットの底《そこ》の穴《あな》は，ポットの中《なか》で細長《ほそなが》い筒状《つつじょう》になっていることです。二《ふた》つ目《め》は，ポットの口《くち》の根元《ねもと》に水《みず》が流《なが》れだすのを防《ふせ》ぐ仕《し》切《き》りがあることです。

この構造《こうぞう》であれば，ポットの底《そこ》の穴《あな》から水《みず》を注《そそ》いでも，ポットの口《くち》から水《みず》がこぼれでることはありませんし，ひっくり返《かえ》しても，底《そこ》の穴《あな》から水《みず》がこぼれることはありません。また，ポットを傾《かたむ》ければ，口《くち》から水《みず》を出《だ》すこともできます。

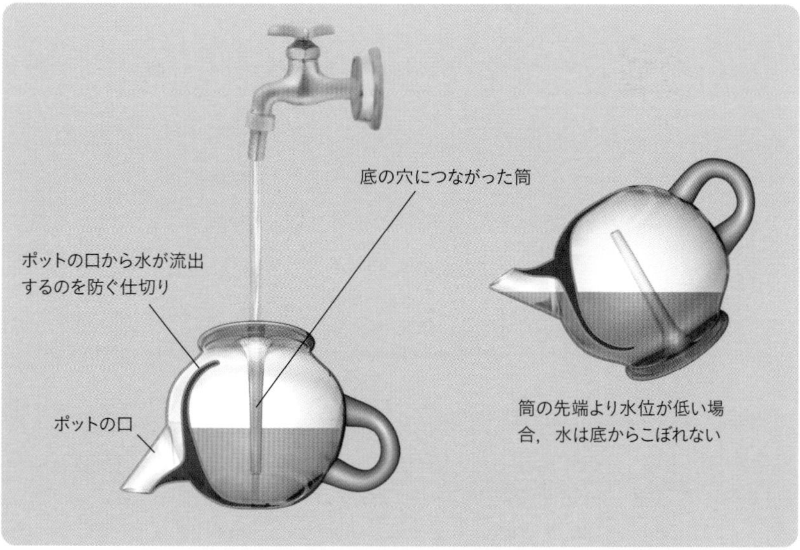

おわりに

これで,「数学脳《すうがくのう》トレ」はおわりです。初級編《しょきゅうへん》・中級編《ちゅうきゅうへん》・上《じょう》級編《きゅうへん》と,図形《ずけい》や計算《けいさん》の数学《すうがく》パズルを60問《もん》を用意《ようい》しましたが,いかがでしたか?

一見簡単《いっけんかんたん》そうで少《すこ》し手《て》ごわい問題《もんだい》や,根気強《こんきづよ》く考《かんが》えて,頭《あたま》を悩《なや》ます難問《なんもん》もあったと思《おも》います。日常生活《にちじょうせいかつ》に役立《やくだ》つ,ピザやケーキを分《わ》けるにはどのようにカットすればよいのか,蚊取《かと》り線香《せんこう》や砂時計《すなどけい》を使《つか》って何分《なんぷん》かをはかるにはどのようにしたらよいのかなど,さまざまな種類《しゅるい》のパズルを掲載《けいさい》しました。

パズルを楽《たの》しみながら,数学《すうがく》の面白《おもしろ》さを体感《たいかん》できたでしょうか。時間《じかん》をかけてじっくりと考《かんが》え,「解《と》けた! 正解《せいかい》!」とスッキリした気分《きぶん》を味《あじ》わったとき,きっと柔軟《じゅうなん》な発想力《はっそうりょく》と数学的《すうがくてき》センスが身《み》についていることでしょう。